AF315703

LES MERVEILLES

DE LA CRÉATION.

Il trouva des hommes qui conduisaient un chameau, un ours et un singe.

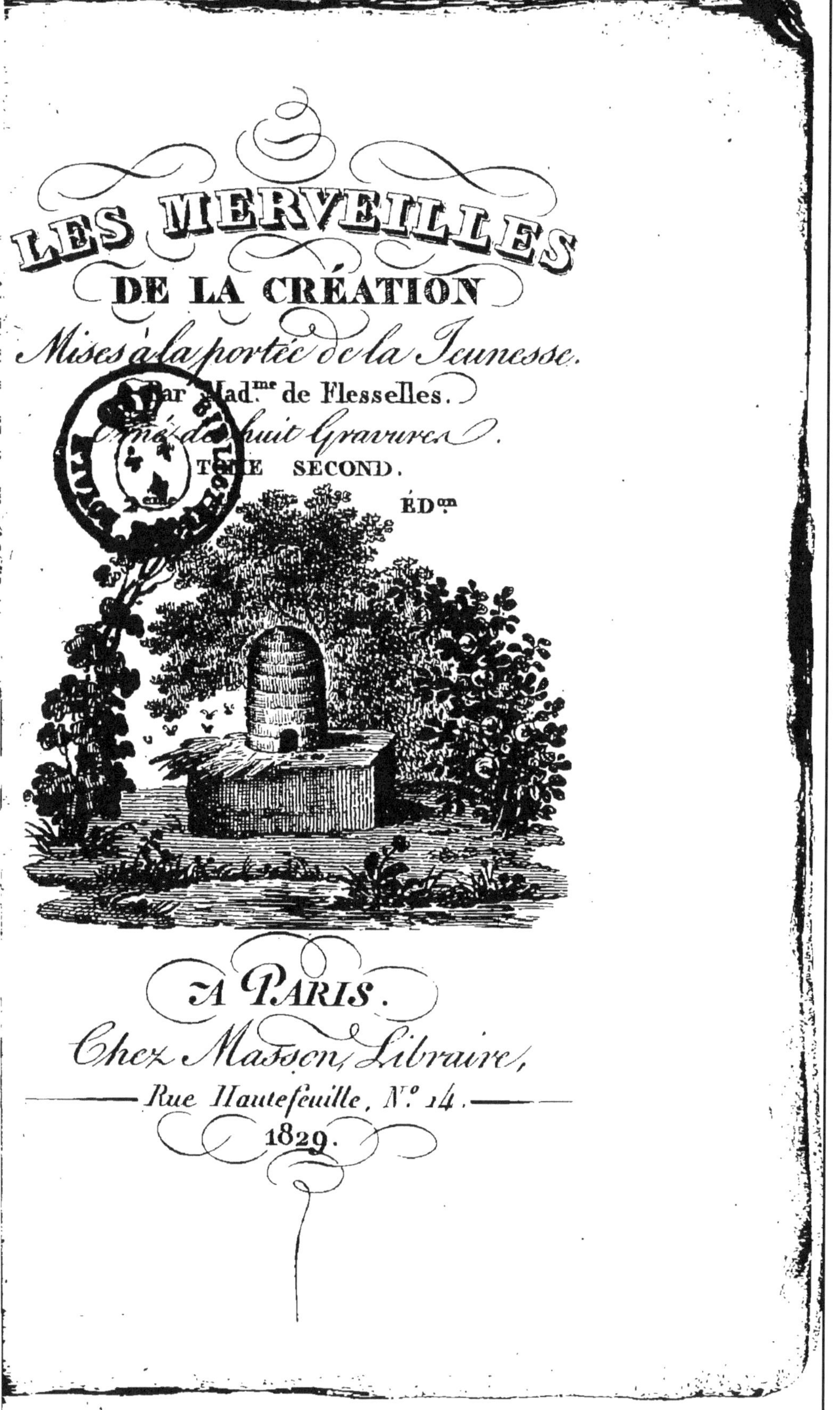

LES MERVEILLES
DE LA CRÉATION

Mises à la portée de la Jeunesse.

Par Mad.me de Flesselles.

Orné de huit Gravures.

TOME SECOND.

ÉD.on

A PARIS.

Chez Masson, Libraire,

— Rue Hautefeuille, N.º 14. —

1829.

LES MERVEILLES

DE LA CRÉATION.

CHAPITRE PREMIER.

I y avait encore tant à dire sur le règne animal, que, malgré l'envie qu'avait M. de Lormeuil de traiter d'un autre règne, la première fois qu'il céda aux prières de ses enfans pour parler de l'*Histoire naturelle*, il ne put se refuser de parler à Victor des *abeilles*, car cet enfant en avait vu le matin même un *essaim* que l'on rassemblait dans un panier, et la bonne tartine de miel qu'il avait mangée quelques jours auparavant lui donnait un vif désir de connaître dans ses détails l'insecte admirable qui produit de si bonnes choses.

Il y a plusieurs sortes d'abeilles, mais la plus intéressante est l'abeille commune, parce que c'est celle qui produit le miel et la cire, dont on fait un grand usage.

Cette espèce de mouches, qui était autrefois sauvage, a été, pour ainsi dire, apprivoisée par l'homme, qui lui fournit une maison appelée *ruche* : les abeilles vivent en société, se sont créé des lois, et observent un ordre admirable dans les différentes fonctions qu'elles se sont réparties.

M. de Lormeuil en était là dans la description qu'il faisait à ses enfans, lorsqu'il fut interrompu par Gustave qui lui demanda s'il était vrai que les abeilles eussent une reine? — Non-seulement une, mais plusieurs qui reçoivent les hommages de leurs sujets, dirigent leurs travaux, et maintiennent l'ordre dans leur petit empire. — Mais ces mouches ont donc une forme différente, pour être reconnues par les autres?—On a remarqué que, dans certains temps de l'année, il y avait trois espèces de mouches bien distinctes dans les ruches; la plus nombreuse est celle qui se compose des abeilles nommées *ouvrières*, parce que ce sont elles qui recueillent le miel et la cire ; la seconde sont les *faux-bourdons*, ainsi nommés pour les distinguer des *bourdons velus*, qui volent dans la campagne ; la troisième, qui est la plus rare, se nomme *reines-abeilles* ou *reines-mères*, parce qu'elles sont mères d'une nombreuse postérité.

Une particularité très-remarquable, c'est que l'intérieur du ventre des abeilles se divise en quatre parties, dont l'une est une petite bouteille qui contient le miel, une autre contient le *venin*, l'*aiguillon*, dont l'atteinte est si redoutable, et les intestins qui, comme dans tous les animaux, servent à la digestion.

La bouteille de miel, lorsqu'elle est

remplie, est grosse comme un pois, transparente comme le cristal, et contient la liqueur que les abeilles vont recueillir sur les fleurs, dont une partie demeure pour les nourrir; l'autre partie est rapportée au magasin qu'elles ont commencé à établir, en la composant de *cellules* faites avec la cire, et dont la figure est si régulière, que le compas n'aurait pu leur donner plus de précision.

La bouteille du venin est à la racine de l'aiguillon, au travers duquel l'abeille en darde quelques gouttes, comme au travers d'un tuyau, pour les répandre dans la piqûre qu'elle a faite : cet aiguillon ou dard, qui paraît si délié à l'œil, est un petit tuyau creux

où repose l'instrument de sa ven-
geance ; son extrémité est taillée en
scie , dont les dents sont tournées
dans le sens d'un fer de flèche, qui
entre aisément, mais ne peut sortir
sans faire une déchirure très-doulou-
reuse.

Il est dangereux d'irriter ces petits
insectes, qui sont aussi vindicatifs
qu'irascibles , car leur piqûre porte
avec elle une inflammation qu'il est
difficile d'atténuer. Les *faux-bourdons* sont faciles à distinguer des *ouvrières*, en ce qu'ils sont plus longs,
ont la tête plus ronde et plus chargée
de poils ; leurs dents sont plus petites,
aussi ne peuvent-ils pas s'en servir
comme les abeilles, pour récolter la

cire. Leur *trompe* est plus courte, plus déliée, ce qui leur donne de la peine à puiser le miel dans les fleurs, aussi ils n'en sucent que ce qui est nécessaire pour les faire vivre ; la nature leur ayant refusé les instrumens propres au travail, semble les en avoir exemptés, et toute leur occupation se borne à féconder les reines. Les *mères-abeilles* ne sont pas pourvues non plus des *outils* servant à la récolte de la cire ; leurs dents, quoique plus petites que celles des abeilles *ouvriè-res*, sont plus grandes que celles des *faux-bourdons*, leurs ailes sont beaucoup plus courtes que celles des autres, aussi volent-elles plus difficilement que les abeilles ordinaires, mais en revanche, leur aiguillon est bien plus long : elles ne s'en servent que quand elles ont été irritées long-temps, ou quand elles veulent disputer l'empire à une autre.

Les abeilles qui composent une *ruche* sont très-considérables : il s'y trouve une *reine* qui est seule de son sexe ; sept ou huit cents *faux-bourdons* et quinze à seize mille abeilles communes que l'on pourrait appeler le gros de la nation. Lorsque les mouches s'établissent dans une ruche, leur première besogne est de boucher tous les petits trous qui s'y trouvent. Elles emploient à cet effet une matière gluante qui durcit ensuite. L'activité est si grande parmi ces petits animaux que, pendant que les unes bouchent les trous de la ruche, les autres travaillent à la composition des *gâteaux*, composés de ces cellules si régulières dont je vous parlais tout à l'heure.

Outre ces cellules, qui sont les plus nombreuses, elles en bâtissent encore d'autres plus grandes, destinées à recevoir les œufs des *faux-bourdons*; les autres étant destinées aux abeilles ouvrières, ces cellules, ainsi que les premières, varient pour la profondeur, mais elles sont d'un diamètre constant, qui est de trois lignes et demie.

Les abeilles commencent à établir la base de leur ouvrage dans le sommet de la ruche. C'est avec une patience et un courage admirables qu'elles parviennent à construire les cellules ; et lorsqu'elles sont pressées, elles ne leur donnent qu'une partie de la profondeur qu'elles doivent avoir. Cette construction leur coûte beaucoup de peine ; le plus grand nombre des ouvrières s'occupe à dresser, polir, limer ce qui est encore brut ; elles en finissent les côtés et les bases avec une si grande délicatesse, qu'à peine trois ou quatre de ces côtés, posés les uns sur les autres, ont-ils l'épaisseur d'une feuille de papier.

Elles construisent encore d'autres cellules destinées à leurs *reines*, et pour celles-là, elles enchérissent sur leur architecture ordinaire, mettent plus d'élégance dans les formes, plus

de solidité dans les parois, moins d'é-
conomie dans la matière ; aussi une
seule de ces cellules pèse autant que
cent cinquante cellules ordinaires.

Un *gâteau*, dont toutes les cellules
sont bâties, présente à l'admiration le
chef-d'œuvre de l'industrie des insectes. Alors on les voit travailler chacune
selon son district à l'ouvrage commun.
Elles volent sur les fleurs des diverses
plantes qu'elles rèncontrent, se roulent au milieu des étamines, dont la
poussière s'attache à une forêt de poils
dont leur corps est couvert ; la mouche
en est toute colorée : quand les fleurs
ne sont pas encore bien épanouies, les
abeilles pressent avec leurs dents les
sommets des étamines, où elles savent

que les grains de poussière sont ren-
fermés ; elles rentrent ensuite dans la
ruche, les unes, chargées de pelotes
jaunes, les autres, de pelotes de différentes couleurs, selon la couleur des
différentes poussières ; cette poussière
est la matière de la *cire brute.*

Chargées de leur précieuse récolte,
lorsqu'elles sont arrivées, il vient d'autres abeilles détacher avec leurs serres
une petite portion de cette *matière à
cire,* qu'elles font passer dans un de
leurs estomacs, car elles en ont deux,
un pour la cire, un pour le miel ; c'est
dans cet estomac que se fait cette
merveilleuse élaboration ; les mouches
dégorgent ensuite cette cire sous la
forme d'une bouillie, et à l'aide de

leur langue, de leurs dents, de leurs pattes, elles construisent les cellules ; dès que cette pâte est sèche, c'est de la cire, telle que notre cire ordinaire.

Les cellules servent à contenir le miel, la cire brute, et les œufs que la *reine-mère* y dépose. Cette *mère* est bien féconde, car c'est à elle que doivent leur naissance toutes les nouvelles mouches qui naissent dans une ruche ; aussi rien n'égale l'attachement que les autres abeilles ont pour elle. Elles lui rendent les hommages et les services qu'on rend à une souveraine, lui composent un cortége plus ou moins nombreux lorsqu'elle veut prendre l'air ou faire la revue de ses états ; elles la caressent avec leur *trompe*, la

suivent partout où elle va. La seule
espérance de voir naître parmi elles
une mère-abeille, suffit pour les exciter
au travail; et si elles sont privées de
la leur, elles tombent dans l'oisiveté.
Elles lui sont tellement attachées,
que si elle meurt, tous les travaux
cessent, et les abeilles se laissent mou-
rir de faim. La fécondité de cette
reine est telle, qu'en sept ou huit se-
maines, elle peut donner le jour à dix
ou douze mille abeilles; suivie de son
cortége, et toujours occupée des soins
du gouvernement et de la population,
elle entre d'abord la tête la première
dans chaque cellule, pour voir si elle
est en bon état, elle en ressort, et
fait ensuite rentrer sa partie posté-

rieure, pour déposer dans le fond de la cellule un œuf qui s'y trouve collé à l'instant.

Elle passe ainsi de cellule en cellule, et pond jusqu'à deux cents œufs par jour. La nature lui apprend à choisir les cellules les plus grandes lorsqu'elle vient pondre les œufs d'où naissent les faux-bourdons; elle ne se trompe pas non plus sur les cellules royales, où elle doit pondre les *reines*. Au bout de quelques jours, dont la chaleur détermine le nombre, il sort de l'œuf un *ver* qui reste au fond de la cellule; il est long, blanc, roulé en anneau, appuyé mollement sur une couche épaisse de *gelée* d'une couleur blanchâtre, que les abeilles *ouvrières*

y ont apportées pour sa nourriture. Ce
ouvrières sont les nourrices qui se
chargent de la nourriture du ver; elle
ont grand soin de visiter chaque cel
lule, pour reconnaître s'il a tout c
qu'il lui faut. Son aliment est du mie
et de la cire préparé dans le corps des
abeilles, qui ont un soin encore plus
particulier des œufs d'où les *reines*
doivent éclore; elles donnent à ceux-là
la pâture avec une grande profusion.
En six jours, le ver a pris tout son
accroissement. Les *abeilles*, qui re-
connaissent alors qu'il n'a plus besoin
de manger, ferment la cellule avec un
petit couvercle de cire. Il se déroule
alors, s'alonge, et tapisse de soie les
parois de sa cellule, car il file ainsi

que les *chenilles*. Lorsqu'il a fini son ouvrage, il passe à une autre métamorphose, et devient ce qu'on appelle *nymphe*; il perd alors toutes les parties du *ver*, pour prendre celles qui doivent constituer la *mouche*. Lorsqu'elle a acquis le développement nécessaire à sa nouvelle conformation, ce qui dure ordinairement vingt-un jours, pour qu'elle ait toute sa perfection, elle fait usage de ses dents pour sortir de sa prison et rompre son enveloppe; c'est une opération très-difficile pour la jeune abeille, et qu'elle ne peut pas toujours accomplir. Les abeilles alors ont, ainsi que tous les animaux, une tendre sollicitude pour leurs petits tant qu'ils ont besoin

d'elles : dès que ce temps est passé
leur amour se change en indifférence
contraste qui doit bien suffire pour
faire sentir la différence qu'il y a en
tre l'*instinct* et la raison. Dès que la
mouche est sortie, d'autres viennent
raccommoder la cellule, la nettoyer,
et la préparer pour recevoir, ou de
nouveaux œufs ou du miel. La pelli-
cule qui enveloppait la jeune abeille
se trouve collée exactement contre les
parois de la cellule, ce qui en fait paraître la couleur différente. Dès que
cette jeune mouche peut sortir, à
peine ses ailes sont-elles déployées,
qu'elle vole aux champs, et est tout
aussi habile à recueillir le miel et la
cire que les autres abeilles.

Tandis que, dans cet empire, les unes prennent soin d'élever l'espérance de l'état, les autres travaillent aux-récoltes précieuses de cire brute et de miel : l'un et l'autre constituent leur nourriture, et les magasins qu'elles forment avec tant d'activité et d'intelligence font servir ces animaux pour point de comparaison, lorsque l'on prêche la prévoyance.

Mais, dit Auguste, c'est une chose admirable que tous ces soins, et il me semble qu'il y a bien peu de dames que l'on pourrait citer pour être aussi habiles ménagères. Victor pria son père de lui permettre d'avoir un petit rucher à la maison ; mais il observa qu'il ne concevait pas comment on avait pu connaître tous les détails qu'il venait d'entendre, car enfin, ajouta-t-il, à moins d'avoir été *abeille*, comment peut-on savoir avec autant de précision ce qu'elles font? — Ton étonnement cessera, mon ami, lorsque tu sauras que les *observateurs*, désirant connaître positivement les mœurs et les occupations des abeilles, ont imaginé de faire faire des *ruches de verre*, dont la transparence a donné le moyen de connaître les moindres détails de leur conduite; c'est par cette ingé-nieuse invention que l'on a pu appré-cier les travaux de cet intelligent in-secte. — O mon papa, je vous en conjure, permettez que j'aie une ruche de verre, afin d'examiner tous ces

merveilleux ouvrages! — Tous les plaisirs que vous me demanderez, mes
enfans, qui auront un but aussi ins-
tructif que celui-là, ne vous seront jamais refusés. — Moi, qui aime tant les
tartines de miel, j'y aurai la *main*,
quand j'aurai une ruche. — Ta gourmandise pourrait bien vite faire périr
tes abeilles, car il n'y a qu'une cer-
taine époque dans l'année où l'on
puisse sans danger leur enlever une
partie de leur récolte. — Mon papa,
est-ce donc avec cette cire, dont
vous nous parliez, qu'on fait la bou-
gie? — Oui, mon ami, les cierges
qui éclairent les solennités de nos égli-
ses, les bougies qui répandent dans nos
salons une lumière si agréable, sout

les produits du travail des abeilles ; mais pour lui donner son éclatante blancheur, il faut des préparatifs assez compliqués. La cire brute est jaune ; c'est avec elle que l'on frotte les appartemens et les meubles : non-seulement elle sert aux ébénistes et aux menuisiers, mais encore elle entre dans la composition de beaucoup de remèdes. — Avec les abeilles, rien n'est perdu ? — Il en est ainsi de toutes les merveilles que le Créateur a produites pour l'éternelle admiration des hommes et leur utilité.

Il y a encore un animal qui produit des choses étonnantes ; c'est le *ver à soie*. Qui pourrait imaginer qu'un insecte aussi petit, d'aussi chétive ap-

parence, fût l'ouvrier de ces ameuble-
mens somptueux, dont la richesse et
l'élégance flattent nos sens et étonnent
l'imagination? Ces riches étoffes, ces
velours moelleux, ces gazes transparentes, doivent la matière première dont
ils sont fabriqués à cet humble animal,
dont le travail, les métamorphoses,
l'instinct sont aussi admirables que
l'instinct des fourmis et des abeilles.

Mais, mon papa, dit Victor, sont-
ce ces mêmes vers qui se nourrissent
de feuilles de mûrier? — Oui, mon
ami, et je t'assure que leur éducation
est bien aussi amusante que celle des
abeilles. — Vous vous amusez en nous
parlant de l'éducation des animaux,
on ne fait l'éducation que des hom-

mes. — Crois-tu donc que les oiseleurs, qui apprennent à parler aux perroquets ; que les chasseurs, qui dressent les chiens ; que toi-même, qui avais montré à un lapin à battre du tambour ; crois-tu, dis-je, que ces essais ne méritent pas bien le titre d'*éducation*?

— Oui, mon papa ; mais qu'est-ce donc qui a enseigné aux abeilles et aux vers à soie à faire les choses surprenantes et utiles qu'ils exécutent?

— Ta réflexion est juste, mon ami, et je crois, comme toi, qu'ils n'ont pas eu d'autres instituteurs que l'auteur de toutes choses , et ta remarque m'en fait faire une autre ; c'est que ce qui tient de plus près à l'*utilité* appartient à l'instinct que Dieu a mis

dans les animaux, tandis que la portion d'intelligence, qui doit servir à
l'agrément, a besoin d'être développée par les soins des hommes. — Mon
papa, nous permettrez-vous d'avoir
aussi des vers à soie? — Sans doute,
pourvu que vous sachiez vous prêter à
tous les soins qu'ils exigent. — Par-
bleu! leur donner à manger, c'est
bientôt fait. — Ne crois pas que tes
soins doivent se borner à si peu de
chose; ces animaux en exigent de bien
plus multipliés. La propreté la plus
minutieuse est une des qualités exigi-
bles pour les faire prospérer; ensuite la préparation de la soie de-
mande beaucoup de patience; mais
ces soins se trouvent bien récompen-

sés par les résultats qu'ils obtiennent.

— Mais, qu'as-tu, Auguste? ton attention paraît distraite par quelques pensées tout-à-fait étrangères au sujet que nous traitons? — Pas tant que vous le croyez, mon papa; car je pensais que puisque vous aviez la bonté d'accorder à mes frères des animaux pour les amuser, vous auriez peut-être la même bonté pour moi? — Sans doute, si cela est possible; mais que désires-tu? — L'animal que j'aime le mieux; un joli petit cheval.—Peste! tu n'es pas dégoûté! mais, mon ami, ce sont des jouissances qu'on ne peut se procurer que quand on est riche, et nous ne le sommes pas; je voudrais bien cependant ne pas te refuser, et s'il y a des moyens conciliatoires entre tes désirs et ma fortune, je m'empresserai de les saisir. — En attendant, si vous aviez la bonté de nous parler de cet animal, bien en détail, vous me feriez grand plaisir? — Je le veux bien, car il m'est plus facile de souscrire à ce vœu que de te donner un cheval.

La domesticité du cheval est si ancienne, qu'on ne trouve plus de chevaux sauvages dans aucune des parties de l'Europe; ceux que l'on voit par troupes en Amérique, sont des chevaux domestiques, et européens d'origine, que les Espagnols y ont transportés, et qui s'y sont multipliés. Cette espèce d'animaux manquait au

Nouveau-Monde; les Espagnols purent s'en convaincre à la frayeur des Mexicains et des Péruviens, qui, les voyant montés sur des chevaux, les prirent pour des demi-dieux.

Les chevaux sauvages sont plus forts, plus nerveux et plus légers que la plupart des chevaux domestiques : ils ont ce que donne la nature, la force et la noblesse; les autres n'ont que ce que l'art peut donner, l'adresse et l'agrément.

Ces animaux ne sont point féroces, ils sont seulement fiers et sauvages; ils prennent de l'attachement les uns pour les autres, ne se font point la guerre entre eux, vivent en paix; leurs appétits sont simples et modérés, et ils ont assez pour ne se rien envier.

La plus noble conquête que l'homme ait jamais faite, est celle de ce fier et fougueux animal, qui partage avec lui les fatigues de la guerre et la gloire des combats. Intrépide comme son maître, le cheval voit le danger et l'affronte ; il s'accoutume au bruit des armes ; le son d'une musique guerrière l'anime et l'enflamme ; il s'énorgueillit de porter un superbe harnois ; et lorsqu'il contribue à la pompe des fêtes publiques, en traînant les monarques dans des chars superbes, ou en ornant leur cortége, il balance sa tête avec fierté, frappe la terre de son pied, hennit, agite sa crinière, et semble dire à celui qui le gouverne :

3*

Si je suis docile à vos ordres, si je me soumets à votre impulsion, si je donne de l'éclat à vos fêtes, et que la précision de mes mouvemens, la promptitude de mes évolutions, vous aident à recevoir les éloges qu'on accorde toujours à une manœuvre bien exécutée, c'est que je vous aime, et que je veux reconnaître, par mon obéissance, les soins que vous me donnez, et que je ne saurais prendre moi-même; vous me protégez et je vous suis soumis.

Cet animal, par lequel on évite les fatigues de la marche, rend des services incalculables aux hommes. Dans un petit espace de temps, il fait parcourir beaucoup de chemin; il transporte les marchandises et facilite les moyens de commerce, en faisant circuler les denrées d'une province à l'autre, d'un royaume du nord à une contrée du midi. Il partage, avec le *bœuf*, le soin d'utiliser la charrue et de féconder la terre; jusqu'à ses excrémens qui sont utiles, puisque c'est au moyen du fumier que l'on fertilise les terres, qui n'ont pas des principes assez productifs.

Ses mouvemens sont à la fois nobles et gracieux; ses formes sont belles, et son intelligence sait l'astreindre au joug que lui impose l'homme; il s'attache à son maître, et les caresses ont beaucoup de pouvoir sur lui; enfin, il fournit son *crin* pour rembourer les meubles et même en couvrir ; son *cuir* sert à faire des bottes et des souliers. Il est susceptible d'apprendre et d'exécuter mille tours d'adresse, dont on ne peut se faire une idée qu'après les avoir vus ; et si nous allons à Paris cet hiver, je vous mènerai voir, chez *Franconi,* des chevaux qui dansent sur la corde, qui exécutent mille tours très-réjouissans à voir.

Mon papa, interrompit Gustave, tout ce que vous nous dites du cheval est bien beau, il me semble cependant que le *bœuf* lui est préférable, sous le rapport de l'utilité ; voyez comme ces bonnes vaches nous donnent d'excellent lait. — Ta friandise n'influencerait-elle pas ton opinion ? — Et leur chair nous nourrit, leur cuir fait aussi des souliers ; ils traînent encore la charrue.

— Tu te moques avec ta comparaison, dit Victor ; la belle différence qu'il y a entre un cheval et un bœuf ! l'un est beau, léger, vif, adroit ; l'autre lourd, laid, gauche ; ses vilaines cornes, dont il se sert quelquefois pour faire tant de mal, me font une peur effroyable. — Et les chevaux, lorsqu'ils ruent, ne donnent-ils pas des coups de pied plus dangereux que des coups de cornes ? M. de Lormeuil et Auguste se rangèrent du côté de Victor ; et si le bœuf fut proclamé aussi utile que le cheval, il fut démontré,

comme deux et deux font quatre, qui
le cheval était infiniment plus beau.

Une légère ondée étant venue in-
terrompre la discussion, M. de Lormeuil promit à Victor que le sujet de
la première conversation qu'ils auraient sur l'histoire naturelle, serait
pris dans le règne végétal. Victor
sauta de joie en apprenant cette bonne
nouvelle, car rien ne pouvait avoir
autant de charmes pour lui que tout
ce qui tenait à la botanique.

M. de Lormeuil croyait en être
quitte pour ce jour-là, et ne plus con-
tinuer à faire la description des animaux ; mais en s'en retournant, il
trouva des hommes qui conduisaient
un chameau, un ours et un singe. Ce

fut une nouvelle source de questions de la part des enfans, qui n'avaient garde de laisser échapper une aussi belle occasion. Il fallut savoir que le *chameau* se trouvait en Afrique et en Asie, où il rendait d'importans services aux habitans de ces contrées ; car non-seulement il porte des fardeaux énormes, mais encore sa douceur et sa docilité le classent parmi les animaux domestiques les plus intéressans.

M. de Lormeuil fit observer à ses enfans avec quelle ingénieuse bonté la sage Providence a placé dans chaque climat les animaux qui y conviennent. En Afrique, où des sables brûlans et stériles ne pourraient être traversés

par des animaux pour qui la soif
rait un supplice, si elle n'était pas
tisfaite, le Créateur y a placé le cl
meau, qui, malgré sa grande taille, e
le plus sobre des animaux ; il se passe
de boire pendant un très-long temps
et même jusqu'à neuf jours. Cette f
culté, si précieuse dans un pays o
l'eau est très-rare, est due en partie
la conformation de cet animal, qui
en outre des quatre estomacs, ou *po*
ches, communs aux animaux *rum*
nans, tels que le bœuf...

— Mon papa, dit Gustave, qu'es
ce qu'un animal ruminant ? — Celu
qui, après avoir broyé long-temp
l'herbe verte ou sèche, qui fait s
nourriture, a la faculté de la faire re

monter, avant qu'elle ne soit digérée, et de la broyer de nouveau, ce qui prolonge la durée des sucs qu'il en extrait. — Mais, j'ai regardé bien souvent des bœufs, et jamais je ne leur ai vu faire ce que vous dites. — C'est que tu regardais sans voir : à présent, que tu apportes de l'intérêt à observer ce qui concerne les animaux, tu y apporteras plus d'attention ; mais revenons au chameau.

J'avais commencé à vous dire qu'il avait de plus que le bœuf une cinquième *poche*, qui lui sert de réservoir pour conserver de l'eau ; et c'est sans doute ce qui lui donne la possibilité d'attendre si long-temps qu'il trouve à renouveler sa provision.

C'est un animal très-docile, qu'
dresse dans son enfance à se baisser
s'accroupir lorsqu'on veut le charge
ce qui serait fort difficile sans cela,
cause de la hauteur de sa taille. Po
lui donner cette habitude, dès qu
est né, on lui plie les quatre jamb
sous le ventre, et on le couvre d'u
tapis, sur le bord duquel on met de
pierres, afin qu'il ne puisse pas se r
lever. Comme cet animal est très-haut
on l'accoutume à se mettre dans cett
posture dès qu'on lui touche les ge
noux avec une baguette, afin de
pouvoir le charger plus aisément.
On le laisse ainsi pendant quelque
temps, sans lui permettre de téter,
afin qu'il contracte de bonne heure

l'habitude de boire rarement. On ne lui fait point porter de fardeaux avant l'âge de trois ou quatre ans. Quand il sent qu'il est assez chargé, il ne faut pas essayer de lui en donner davantage, car il se rebute, donne de la tête, et se relève à l'instant ; et si on le surcharge malgré lui, il fait des cris lamentables.

La durée de la vie de ces animaux est d'environ cinquante ans. On n'a pas besoin de les frapper pour les faire avancer, il suffit de les siffler ; et lorsqu'ils sont en grand nombre, on bat des timballes. Il a encore un grand avantage, c'est de donner du lait dont on fait un grand usage ; enfin, non-seulement il porte jusqu'à douze cents, mais on l'attèle aussi pour traîner des chars.

On fait sécher ses excrémens, que l'on emploie ensuite comme une espèce de tourbe que l'on brûle pour faire la cuisine au milieu des déserts. On mange encore la chair du chameau, et l'on ramasse avec soin son poil, qui, mêlé avec d'autres poils, entre dans la fabrication des chapeaux.

Le dromadaire est une espèce de chameau qui ne diffère du précédent que parce qu'il n'a qu'une bosse sur le dos, tandis que le chameau en a deux. Sa tête a un peu d'analogie avec celle du mouton ; ses yeux sont gros et saillans, son front est revêtu d'un poil ressemblant à de la laine ; le reste du corps est recouvert d'un poil doux au toucher, de couleur fauve un peu cendrée, les oreilles courtes, rondes, et le cou très-long, orné d'une belle crinière.

Mais l'ours que nous venons de voir, c'est bien laid ; à quoi sert-il? dit Gustave. — L'ours est un animal féroce qui se trouve dans l'Afrique et l'Asie, et dans quelques parties de l'Europe. Vous avez vu que ses formes n'ont rien d'attrayant. Sa peau est chaude et utile, lorsqu'elle est préparée pour faire des fourrures grossières. Les sauvages d'Amérique font un grand régal de manger des pattes d'ours qu'ils trouvent un mets extrêmement friand. On se sert aussi de sa graisse pour faire de la chandelle, et d'autres fois de la pommade ; mais il n'offre pas de particularités assez intéressantes pour vous en entretenir long-temps. Quant au singe, il vous a fait rire par ses cabrioles et ses espiégleries, qui le rendent un point de comparaison pour tout ce qui est malicieux ; mais là doivent se borner toutes ses prétentions. Mon papa, dit Victor, vous ne nous avez rien dit des *oiseaux*, ils font cependant partie du règne animal ? — Je ne vous ai parlé, mes enfans, que de quelques espèces remarquables par leur utilité, leur intelligence, et leurs qualités attachantes ; chaque espèce offrirait des traits intéressans à la curiosité ; mais dans l'impossibilité où nous sommes, de nous entretenir de toutes, j'ai dû laisser de côté les moins importantes. Les *oiseaux* sont très-variés par leur forme et leur plumage, mais quelle différence entre leur intelligence et celle des animaux dont je vous ai parlé ! contentons-nous donc de les *manger*, de les *entendre* lorsqu'ils *chantent*, et de les *regarder* lorsqu'ils voltigent. Lorsque nous aurons beaucoup plus de temps à donner à leur étude particulière, nous nous en occuperons ; mais comme mon intention dans ce moment, n'a pu être que de vous donner une légère idée des *règnes* de la nature, à notre première promenade, nous nous occuperons du *règne végétal*, qui ne

vous intéressera pas moins que celui
que nous venons de parcourir si rapi-
dement, quoique ses merveilles soient
d'un autre genre ; mais dans toutes
les productions qui couvrent le globe,
la bonté prévoyante du Tout-Puissant
se fait tellement sentir, qu'on ne peut
étudier la nature sans contracter l'en-
gagement d'aimer et d'admirer l'auteur de tant de prodiges.

CHAPITRE II.

Victor était le plus empressé des trois frères à rappeler à M. de Lormeuil, qu'il leur avait promis une instruction intéressante; il parcourait le jardin avec un intérêt tout particulier, examinait les plantes, dont il lui tardait de savoir le nom, respirait l'odeur suave des fleurs, dont l'histoire présentait à sa jeune imagination d'intéressantes découvertes. Le jour si désiré arriva, et dirigeant la course de ses enfans vers une colline couverte de plantes aromatiques; lorsqu'ils eurent fait une ample récolte de fleurs, qui leur avaient paru les plus remarquables, pendant le repos que la fatigue qu'ils venaient de prendre leur rendait très-désirable, M. de Lormeuil entama le sujet si cher à Victor, tandis qu'Auguste s'étendait sur l'herbe, d'un air assez ennuyé, et paraissait peu disposé à trouver dans cet entretien autant de plaisir que son frère; M. de Lormeuil lui en ayant fait la remarque, lui demanda s'il était malade. — Non, mon papa, mais comme vous m'avez toujours permis de vous parler avec franchise, je vous avouerai que l'étude des *herbes* n'a pas un grand attrait pour moi. — Pourrais-tu m'en dire la raison ? — Mais c'est qu'elles n'ont ni beauté, ni utilité, ni importance. — Tu n'as sans doute pas réfléchi que le *blé* qui te nourrit était une *herbe?* — Passe pour celle-là, mais les autres... — Ont des propriétés plus ou moins importantes ; car les unes donnent les teintures brillantes qui colorent les différentes étoffes dont nous nous servons, les autres entrent dans la composition des remèdes qui guérissent les maladies dont nous sommes atteints. D'autres enfin nourrissent les animaux qui nous sont les plus utiles, comme les chevaux à qui il faut du *foin*, de l'*avoine* et de la *paille*; le *bœuf*, qui borne ses besoins au foin et à la *paille*; l'*âne*, encore moins dédaigneux, qui se contente humblement de prendre ses repas avec les plantes les moins recherchées dont le mélange couvre le sol qu'on lui laisse parcourir ; le *mouton*, dont la toison forme nos habits, la chair notre nourriture, et le cuir nos souliers, ne se nourrit que des herbes suaves, que la nature a si prodigalement distribuées dans les champs. Tu vois donc, mon ami, de quelle importance est le règne végétal. Passons ensuite en revue tous ces légumes savoureux qui paraissent avec tant d'avantages sur la table du riche, et qui sont d'une ressource si économique pour la nourriture du pauvre ! ose ensuite mépriser le *règne* qui possède une si grande variété de richesses ! Si tu daignes abaisser tes regards sur le parterre orné par ces fleurs charmantes, dont les émanations embaument l'air que tu respires, seras-tu assez ingrat pour ne pas convenir qu'elles ont souvent frappé bien agréablement ton odorat? Si, élevant tes observations jusqu'aux arbres, tu te donnes la peine de réfléchir, pourras-tu nier qu'après nous avoir prêté leurs ombrages charmans, ils font succéder une utilité d'une bien grande importance, en fournissant ce qui est nécessaire à la construction de nos maisons? C'est le chêne qui en fournit la charpente; le *noyer*, l'*acajou*, obéissent à l'ébéniste habile, et se prêtent aux formes aussi variées qu'élégantes, que la mode imagine pour les meubles qui décorent nos salons. Le *sapin* est employé dans toutes les menuiseries légères , qui sont d'une solidité moins nécessaire et d'un prix moins élevé ; et jusque pour les *cercueils*, qui deviennent nos dernières demeures , le *bois* n'est-il pas employé ?

— Je me rends, dit Auguste ; et d'après tout ce que vous venez de me dire, mon papa, je vous avoue que ma curiosité est excitée ; je me sens donc tout disposé à rivaliser d'attention , même avec Victor.

La botanique, dit M. de Lormeuil, est une partie de l'histoire naturelle, qui a pour objet la connaissance du règne végétal en entier. Elle embrasse des détails mineurs qu'il nous serait impossible de parcourir , car on ne peut connaître l'économie végétale , si l'on n'est instruit de la manière dont les germes des plantes se développent , de leur organisation en général, de la structure de leurs parties en particulier, de leurs noms , de leurs propriétés, et de la manière de les cultiver. Mais qui ne serait effrayé de la quantité de ces détails, lorsque des observateurs ont découvert que l'on pouvait compter à peu près dix-huit ou vingt mille espéces de plantes, tant dans le nouveau que dans l'ancien continent? et comme chaque jour la navigation découvre de nouvelles îles et de nouveaux climats, qui pourrait nombrer exactement les nouvelles variétés que l'on rencontre à chaque instant ? Mon projet n'est donc point, mes enfans, de vous égarer dans un pareil labyrinthe, mais de vous faire effleurer, ainsi que nous l'avons fait pour le *règne animal*, tout le parti que l'on peut tirer de cette science, tant pour l'utilité que pour l'agrément, car la nature semble être encore moins constante et plus diversifiée dans les plantes que dans les animaux.

On donne le nom d'*herbe* aux plantes dont les tiges périssent en partie tous les ans. Il y en a de plusieurs sortes : 1° les plantes potagères, qui sont pour l'usage de la cuisine, et se mangent ; 2° les herbes *odoriférantes*, qu'on emploie aussi fréquemment dans la cuisine et dans la médecine ; 3º les *herbes sauvages*, qui sont des plantes médicinales ; 4º les *mauvaises herbes*, nom donné à toutes les plantes qui enlèvent au bon grain une partie de la substance de la terre qu'elles épuisent, et sont particulièrement nuisibles aux champs ensemencés des plantes *graminées*, nom donné aux herbes de la famille des *chiendents*, telles que le *blé*, l'*avoine*, l'*orge*, le *seigle*, etc., etc.

Il y a encore une cinquième espèce d'*herbes*, dont les racines sont *vivaces*, c'est-à-dire qu'elles peuvent braver la rigueur des hivers, tandis que les autres meurent dès qu'on a récolté leurs graines, et veulent être semées tous les ans.

5*

Par un dévouement devenu bien utile à l'espèce humaine, beaucoup de savans ont consacré leurs veilles à découvrir les propriétés de toutes les plantes connues, et le parti qu'on pouvait en tirer dans le grand art de guérir. Par un miracle de la Providence, toutes les plantes ont des propriétés particulières, adaptées aux climats où elles naissent, et aux maladies qui y sont les plus communes. Aux époques les plus reculées, les anciens s'occupaient peut-être plus encore qu'à présent de la connaissance des plantes; au moins il y avait très-peu de médecins. C'étaient les vieillards qui s'attachaient plus particulièrement à l'étude de la botanique, et transmet-

taient à leurs descendans les connaissances qu'ils avaient acquises, et qui
tenaient toutes à l'emploi qu'on pouvait faire des *simples* : (on appelle
ainsi les plantes médicinales.) Il paraît que l'espèce humaine s'en trouvait
très-bien, puisque l'existence était bien
plus prolongée qu'à présent.

Par suite des découvertes que l'on
a faites, et des relations que la navigation a établies entre les contrées les
plus éloignées, toutes les parties du
monde sont devenues tributaires les
unes des autres : ainsi l'*Asie* nous
fournit le *thé*; l'*Afrique*, le *café*;
l'*Amérique*, le *quinquina*, qui gué-
rit la fièvre ; et presque toutes les dro-
gues que la pharmacie emploie nous

viennent des autres parties du mor
Sans doute l'art a encore de gra
progrès à faire dans cette science,
si on la connaissait bien, je suis tr
convaincu qu'il n'y a point de p:
qui ne produisent de plantes salutai:
qui puissent guérir les maladies qui
sont communes.

Le *blé*, ou froment, est sans conti
dit de toutes les plantes celle qui e
la plus précieuse à l'humanité, pui
qu'elle fait la nourriture d'une grand
partie de l'espèce humaine. Son grai
est, comme tous les dons du Créateur
un bienfait toujours renaissant pour l
conservation des hommes. L'origin
de cette plante, si remarquable pai
son extrême fécondité, sa culture, ei

les moyens de l'utiliser et d'en tirer
une nourriture saine, remontent presque à l'origine du monde ; peut-être
l'a-t-on d'abord foulée aux pieds, et
ne présentait-elle pas tous les avantages
que la culture lui a donnés, car on
voit que le Créateur a accordé à
l'homme une sorte d'empire sur tous
les fruits, les fleurs et les autres productions naturelles , qu'il embellit,
perfectionne, et rend presque mécon-
naissables par la beauté qu'il leur procure à force de soins et de travaux.
Ensuite, le temps a fait faire des découvertes précieuses pour améliorer
la culture.

Quelque fût le blé dans son origine,
c'est actuellement la plante la plus

précieuse, et que l'on s'est attac
cultiver avec le plus de soin ; elle
compense généreusement le cult
teur de ses travaux, puisqu'elle do
ordinairement *quinze* pour *un* ; c'
à-dire qu'un boisseau de blé proc
quinze boisseaux de blé ; et s'il
semé dans une terre nouvelle,
n'ait pas encore été épuisée par d'
tres productions, on peut assurer q
sa fécondité tient du prodige.

Pline, naturaliste très-distingue
raconte que sous *Auguste*, empere
des Romains, un intendant lui envoy
d'un canton de l'Afrique où il résidai
un pied de blé qui contenait quatre cen
tiges, toutes provenues d'un seul grain
ce qui est assurément un *phénomène*

Papa, dit Victor, je ne comprends pas ce que signifie ce mot. — Un phénomène est tout ce qui est extraordinaire et sort des limites que la nature a prescrites. Par exemple, un *homme à deux têtes* est un phénomène, puisqu'il ne doit en avoir qu'une dans l'ordre naturel, et cependant cela existe. Aussi je vous raconte l'étrange fécondité de ce grain de *blé*, puisque si, dans l'ordre naturel, il ne doit rendre que *quinze* pour *un*, c'est un *phénomène*, s'il rend six mille pour un, nombre des grains contenus dans les quatre cents tiges désignées.

Quand vous serez *propriétaire*, et que vous attacherez un intérêt direct à faire produire la terre le plus possible , vous apprendrez en détail tout ce qui concerne la culture de cet important *graminée*. Si je vous en entretenais à présent, je vous ennuierais sans vous instruire ; je ne vous ferai pas non plus la description de cette plante , puisqu'il n'y a pas un de vous qui n'ait aperçu un champ de *blé ;* le *riz ,* que vous mangez quelquefois avec tant de plaisir, est une autre espéce de *graminée ,* mais qui ne se cultive pas en France ; il exige un climat chaud et un terrain humide. Le *Piémont* et l'*Italie* le cultivent avec avantage. Dans beaucoup de contrées d'Asie et d'Amérique , il fait la nourriture des habitans.

Comme les animaux sont les soutiens de l'homme dans les travaux de l'agriculture, Dieu a pourvu à leur nourriture en donnant aux hommes le génie observateur, qui leur fait mettre à profit tout ce que la nature a fait pour eux. Ainsi, les prairies fournissent une récolte précieuse, puisque le *foin* qu'on y trouve sert de nourriture aux chevaux, aux vaches, au *buffle*, qui, dans d'autres pays, remplace les bœufs, aux moutons et aux *ânes*. La *paille* qui reste des *graminées* dont on a recueilli le grain, partage avec le *foin* l'avantage non seulement de contribuer à la nourriture des animaux, mais c'est avec elle que l'on prépare leur *litière*, et qui les délasse la nuit des travaux de la jour-

née. Elle couvre aussi les chaumières,
dont les pauvres propriétaires ne peuvent pas atteindre le prix élevé des
autres matières plus solides et moins
dangereuses que l'on emploie ordinairement dans la couverture des maisons. La *paille de riz* contribue aussi
à la toilette des dames, pour qui l'on
en tresse d'élégans chapeaux, qui les
mettent à l'abri des rayons du soleil ;
et cette invention commode, perfec-
tionnée par le luxe, tourne, par son
prix élevé, au profit du commerce,
puisque l'on voit de ces élégans chapeaux se vendre jusqu'à six cents
francs, selon la finesse de leur tissu.

Je ne fixerai point votre attention
sur d'autres *herbes* : elles n'ont d'in-

térêt que pour les pharmaciens qui les récoltent, et nous les vendent ensuite pour guérir les maladies pour lesquelles elles sont ordonnées ; ou bien pour les teinturiers, qui en tirent les sucs colorans avec lesquels ils teignent les étoffes. J'aime donc mieux promener votre curiosité dans les immenses parterres que la nature a embellis pour flatter nos sens, et je vais vous parler des *fleurs*.

Elles sont les productions des plantes qui se changent en fruits, après avoir satisfait notre vue par la vivacité et la diversité de leurs couleurs, et avoir flatté notre odorat par les parfums qu'elles exhalent dans *l'atmosphère*.

Pour vous offrir une idée des dé-
nominations que les botanistes donnent à chacune de leurs parties, je
vous dirai en termes de l'art, que la
fleur est composée de trois parties : la
première est l'enveloppe, appelée *ca-
lice ;* c'est elle qui soutient les *fleurs ,*
et les conserve dans l'arrangement qui
est propre à chacune. La seconde est
le feuillage, appelé *corolle ;* il est composé d'une ou plusieurs feuilles de toutes couleurs, qu'on nomme *pétales :*
c'est à cette partie que le langage vulgaire applique spécialement le nom de
fleur.

La nature a destiné ces feuilles à
couvrir le cœur de la *fleur ,* et à la
mettre à l'abri des injures de l'air :

mais, à l'aspect du soleil, elles s'épanouissent presque toujours. Cependant, il y en a dont la délicatesse ne peut soutenir l'éclat des rayons du père de la lumière ; elles restent fermées jusqu'à ce que la clarté plus douce de la lune les fasse ouvrir.

La troisième partie est le *cœur* : c'est la plus précieuse ; il est composé des étamines du *pistil* et des *sommets*. Je ne vous ai parlé de ces mots techniques que parce qu'ils s'emploient souvent dans les descriptions, et qu'il est bon de les connaître. Il y a des *fleurs* qui viennent de *graines*, d'autres de *boutures* ; de ce nombre sont les *rosiers*, dont la tige épineuse semble garantir la reine des fleurs des atteintes d'une main *profane*. On lève, à côté du plan principal, les rejets qui l'accom-_pagnent, et mis dans une bonne terre, ils ne tardent pas à reprendre. Les œillets se multiplient de même, quoiqu'on puisse aussi les faire venir par graine ; mais une chose bien merveilleuse dans la culture des fleurs, c'est qu'on a observé que la poussière végétale qui tombe des étamines, et que le vent porte sur d'autres fleurs, sert à varier les espèces de la manière la plus singulière. C'est une espèce de mariage que la nature arrange entre les plantes, et qui, par des rapports extrêmement curieux, établit de nouvelles variétés dans les fleurs soumises à cette singulière influence. Au moyen de ces étonnantes associations, il naît souvent des espèces nouvelles, dont on n'avait pas encore eu connais sance.

Les *fleurs* proviennent ou de *plantes* ou d'*oignons*, et la plupart des *plantes* tirent leur origine des graines. Les jardiniers n'appellent *fleurs* que celles qui contribuent à l'embellissement des jardins ; tels sont les *œillets*, les *tubéreuses*, les *tulipes*, les *renoncules*, les *anémones*, etc. Une chose assez singulière, c'est que nos plus belles fleurs nous viennent du *Levant*, excepté les *œillets*, que nous avons toujours possédés ; mais à présent, l'on n'a plus besoin d'aller aussi loin pour admirer leur nombre, leur beauté,

leur extrême variété ; la culture ne no
en est plus étrangère, et le moin
paysan connaît très-bien la manié
de cultiver, dans le petit coin de ter
qui environne sa chaumière, tout
les fleurs qui peuvent lui donner u
aspect plus agréable.

C'est une culture qui exige beau
coup de soins de la part de ceux qu
s'y livrent ; mais c'est une occupatioi
si agréable, qui annonce des goûts s
simples, si innocens, et qui dédom-
mage avec usure de la peine qu'on a
prise par la beauté des fleurs que l'on
fait naître, ainsi que par leurs variétés, car l'intérêt et la curiosité ont
fait trouver d'ingénieux procédés pour
chamarrer de diverses couleurs les

fleurs vivantes des jardins. On a su faire des roses vertes, jaunes, et même bleues ; mais il faut convenir que la nature a été plus habile dans le choix des couleurs qu'elle a employées, que tous ceux qui ont la prétention téméraire de la surpasser, car toutes ces couleurs d'emprunt sont bien au-dessous du brillant carmin que la nature a employé pour colorer la reine des fleurs.

On a observé que les fleurs subissaient des changemens presqu'à chaque génération, soit par la culture, le terrain, le climat, la sécheresse, l'humidité, l'ombre ou le soleil ; tous ces changemens sont plus ou moins prompts, selon le nombre, la force,

la durée des causes qui les ont oc-
sionnés.

Les fleurs sont un des plus charmans ouvrages de la nature ; elles ont
dû inspirer aux peintres les secrets
d'un agréable coloris. L'arrangement
élégant de toutes leurs parties, leurs
couleurs variées et brillantes, leur
fraîcheur, leurs parfums délicieux attirent l'attention des êtres les moins
susceptibles d'en avoir. Un parterre
peut être étudié comme la *palette* de
la nature, et l'on voit que la bonté du
Créateur a voulu faire naître les fleurs
pour plaire à l'homme, et décorer son
séjour ; mais l'on ne peut jouir entièrement de l'agrément des fleurs et de
leurs variétés, si l'on se borne à les

admirer. Dans un parterre, l'homme en aurait-il réuni tant d'espèces, s'il n'avait remarqué dans ses promenades qu'elles embellissent les vallées, les montagnes, que les prairies en sont émaillées, qu'on les trouve répandues avec profusion dans les bois, sur la cîme des arbres et sur l'herbe qui rampe? Le charme en est si sûr, que la plupart des arts qui veulent plaire empruntent leur secours ; la sculpture les imite dans ses ornemens les plus légers ; l'architecture embellit souvent de feuillages et de festons les colonnes et les façades de ses édifices ; les plus riches broderies présentent presque toujours à l'œil charmé des feuillages et des fleurs ; les plus ma-

gnifiques étoffes en sont parsemées, **et**
leur principal mérite est d'imiter parfaitement la variété de leurs brillantes
couleurs, et de les nuancer avec ha-
bileté. Quand la sagesse divine veut
nous donner une idée de son éclat, de
sa beauté, de sa magnificence, c'est
toujours des fleurs qu'elle emprunte
l'allégorie. L'usage des fleurs, de la
rose, du *myrthe*, qui, d'après les traditions les plus anciennes, étaient destinés aux *rits sacrés*, eut lieu dans les
actions ordinaires de la vie. On com-
mença à les employer dans les funé-
railles, et les jeux, qui en étaient la
suite ; dans les *hyménées*, la jeune
vierge qui va prendre un époux est
toujours couronnée de fleurs ; les *sa-*

turnales, jours de fête chez les Romains, que l'on pourrait comparer, pour l'extravagance, à notre *carnaval*; les saturnales, dis-je, n'auraient point été complètes, si on n'y eût prodigué des roses. Les fleurs sont encore, dans certains pays, les interprètes des sentimens les plus tendres ; elles ont un langage que l'amour connaît, une expression qu'il reçoit avec transport ou avec tristesse. Dans notre pays même, l'offrande d'un bouquet artistement composé, est une attention que la galanterie emploie, et à laquelle la coquetterie n'est pas insensible ; l'amitié met aussi les fleurs à contribution pour les fêtes que l'on veut souhaiter à ceux qui nous intéressent ; l'amour

des fleurs est si généralement répandu,
et leur privation paraît si pénible ,
que pour franchir plus patiemment
la saison qui sépare de l'époque du
printemps , où elles paraissent avec
tout leur éclat , on les cultive dans
des serres chaudes, où l'on rapproche
pour elles , par une imitation artifi-
cielle , la chaleur vivifiante du soleil.
Enfin , on aime tellement leurs formes
gracieuses , leurs couleurs variées ,
que l'adresse de quelques ouvrières
est parvenue à les imiter d'une manière surprenante, et la durée de ces
fleurs artificielles permettant de les
employer pour des usages d'agrément,
elle viennent embellir et ajouter aux
charmes des jeunes dames, avec les-

quelles elles rivalisent pour la fraîcheur. On a même poussé l'art jusqu'à donner à ces imitations de la nature l'odeur des fleurs véritables dont
elles sont les copies.

Mais, dit Victor, comment cela
est-il possible, mon papa? J'ai déjà
bien de la peine à comprendre comment on a pu parvenir à si bien imiter
les fleurs, et quoique je ne sache pas
avec quoi on les imite, j'en ai cependant vu auxquelles on aurait pu se
méprendre, mais pour l'odeur? — La
sensualité et l'adresse ont tiré parti de
tout ce qui existe pour contribuer à
l'agrément des hommes ; aussi, non
content d'imiter l'éclat fugitif des
fleurs, et leurs formes gracieuses, on

est parvenu à tirer de leurs seins les odeurs parfumées dont elles embaument l'air, et de les fixer sous le nom d'*essences*, par des procédés que la *chimie* est parvenue à découvrir ; on extrait des fleurs ce parfum volatil, qui nous transmet les plus suaves odeurs ; les mouches à miel nous ont peut-être montré l'art de recueillir les odeurs dont elles nous ont laissé la propriété, se contentant de récolter ce qui peut satisfaire le goût. Ces préparations si suaves se font de préférence dans les contrées où les fleurs doivent un parfum plus fort à la chaleur du climat. En Provence, où il y a beaucoup d'*orangers*, on s'occupe particulièrement du soin de fabriquer des essences et des eaux de senteur ; on en répand quelques gouttes sur les fleurs artificielles, qui se font avec des petits morceaux de batiste, ou des rognures d'étoffes extrêmement déliées, dont l'art tire un ingénieux parti. Le commerce de ces bagatelles produit des sommes considérables, tant est répandu le goût des fleurs et de leurs imitations. Les Français et les Italiens excellent dans ce genre ; la gourmandise fait aussi son profit de tous les avantages qu'elle peut tirer des fleurs ; il n'est aucun de vous qui n'ait savouré avec délices ces excellens massepains de fleurs d'oranges, ces délicieuses conserves de rose ou de violette, où le parfum est uni au bon goût.

7*

Je trouve, dit Auguste, que le miel est une très-bonne chose, mais j'aime encore bien mieux le sucre ; vous ne nous avez pas dit, mon papa, dans quelle fleur il se trouvait. — Ce n'est pas une fleur qui donne le sucre, mon ami, mais une espèce de *roseau* que l'on nomme *canne à sucre* ; ce roseau s'élève quelquefois à plus de neuf pieds, il est creux en dedans, et se remplit d'une espèce de moelle liquide, dont on tire le sucre. — Je n'ai jamais vu de ces roseaux. — Je le crois bien, puisqu'il n'y en a point dans ce pays-ci : la canne à sucre croît naturellement dans les Indes, les îles Canaries, et les pays chauds de l'Amérique. Ce roseau est d'un vert tirant

sur le jaune ; les nœuds qui marquent
sa tige sont environ à quatre doigts les
uns des autres, saillans, en partie
blanchâtres, et en partie jaunâtres ;
de ces nœuds partent des feuilles qui
tombent à mesure que la *canne* mûrit ;
et lorsqu'elle se couronne de feuilles à
son sommet, elle approche de sa maturité. Alors elle est jaune et pesante ;
son écorce est lisse, et la matière
spongieuse de l'intérieur se brunit ; la
tige soutient à son sommet une parti-
cule de fleurs semblables à celles du
roseau ordinaire ; sa racine est épaisse
et fibreuse ; elle se plaît dans les ter-
rains gras et humides. — Mais comment ces *roseaux* peuvent-ils donner

le sucre qui est si dur et si blanc ? —
Par des préparations qui consistent à
prendre les cannes lorsqu'elles sont
mûres : on les coupe très-près de la
racine, et on en rejette les feuilles ;
on broie ensuite les cannes sous des
rouleaux de bois très-dur qui en ex-
priment une liqueur douce, visqueuse,
appelée *miel de cannes* ; on la fait
cuire ensuite, et au moyen de l'*ébullition* et des matières que l'on y mêle,
on lui donne la consistance du sucre ;
par d'autres préparations, on lui donne
la dureté et la blancheur qui nous
charment. Avant la découverte de
l'Amérique, on ignorait en Europe
l'usage de cette denrée si agréable au

goût et si stomachique , qu'il n'est presque point de remèdes où la médecine ne l'emploie.

Les *confiseurs* doivent toute leur importance à cette agréable production, puisque c'est elle qu'ils emploient pour conserver les fruits sous le nom de confitures. Les sirops , les liqueurs, les marmelades , et toutes ces sucreries auxquelles on est parvenu à donner des formes si agréables et si variées , ont exercé le talent du confiseur. Mais si la sensualité se félicite d'une fabrication aussi agréable pour elle, combien la philantropie n'a-t-elle pas à regretter que la découverte de l'Amérique , en nous procurant des jouissances de plus , ait amené l'odieux trafic des *nègres*, qui seuls peuvent cultiver ces denrées précieuses, qui enrichissent le commerce ? — Mais, mon papa, pourquoi donc les *nègres* peuvent-ils cultiver seuls ces denrées ? — Parce qu'étant nés dans un climat brûlant, ils peuvent supporter plus facilement les travaux qu'exige la culture des cannes à sucre, du café, de l'indigo, qui sont les principaux objets qui alimentent le commerce de nos colonies, dont la température est si brûlante, que les Européens ont encore bien de la peine à y conserver la vie, tout en se livrant à la plus molle oisiveté ; à plus forte raison ne pourraient-ils pas supporter la fatigue du travail, et d'un travail très-pénible.

— Je commence à regretter que toutes les bonnes choses que j'aime beaucoup coûtent tant de peine à de pauvres malheureux. Mais il me semble que puisqu'il est impossible de se passer des nègres, on devrait faire avec eux comme on fait en France avec les domestiques, et leur donner de bons gages pour les faire travailler. — Mon ami, la cupidité ne raisonne jamais d'après les principes de la justice, et il a paru bien plus facile à ceux qui avaient des propriétés en Amérique, d'acheter de malheureux esclaves pour les faire valoir, que d'établir une convention volontaire et libre des deux côtés ; mais des souverains éclairés et amis de l'humanité se sont occupés de ce déplorable commerce pour l'abolir, et l'on doit espérer qu'avant une époque bien éloignée, l'humanité n'aura plus à rougir de la *traite* des nègres. — Qu'est-ce donc que l'on appelle ainsi ? — L'abominable coutume d'aller sur les côtes d'Afrique, profiter de l'ignorance des peuplades nègres qui les habitent, pour enlever les habitans par ruse, ou en profitant de leurs désirs immodérés ; car au moyen de quelques pintes d'eau-de-vie ou de bagatelles en verroteries rouges, bleues, etc., dont ils font des parures, on obtient en échange des hommes, des femmes et des enfans. On entassait ces malheureux sur des vaisseaux où l'air et la place qui leur étaient néces-

saires pour ne pas périr, étaient cal-
culés quelquefois avec tant de parci-
monie, que les pauvres nègres entassés,
mal nourris, et souvent enchaînés,
mouraient avant d'arriver à leur destination. — Quelle cruauté! — Ceux
qui arrivaient aux colonies où l'on devait les vendre étaient conduits sur la
place du marché, où ils étaient mis à
prix, comme tu le vois faire dans les
foires pour les animaux; là, sans égard
pour leurs supplications, afin qu'on
ne les séparât pas des objets qui leur
étaient chers, on les entraînait sans
pitié chez les maîtres à qui on les
avait vendus; et livrés au travail le
plus pénible, ils étaient forcés de
l'exécuter, sous peine d'éprouver de

la part des colons les traitemens les plus barbares. — C'est bien affreux ! — Les puissances européennes ont rougi de ces attentats qui révoltent l'humanité, et par une résolution généreuse, elles sont convenues à l'unanimité de renoncer à un commerce aussi odieux, et de ne se servir que des nègres que l'on aura engagés librement ; mais le mal se fait promptement, et le bien ne s'opère qu'avec lenteur ; et il faudra encore bien des années avant que la cupidité puisse être enchaînée par la volonté des souverains qui veulent rendre à l'humanité ses droits. Mais poursuivons l'examen que nous avions commencé.

Nous avons vu que les *fleurs* ont

non seulement des destinations d'*a-grémens*, mais qu'elles sont utiles pour la santé, et que leurs *infusions*, leurs *décoctions*, prises intérieurement, guérissent beaucoup de maladies ; leurs sucs fournissent aussi à la teinture des ressources infinies. Voyons à présent avec la même rapidité, puisqu'il nous est impossible de nous appesantir sur les détails, les merveilles produites par les arbres.

Ils sont les plus gros et les plus élevés des végétaux. On observe dans toutes les productions de la nature, qu'elle se plaît à marcher par des nuances insensibles ; ainsi on la voit passer de la plante la plus basse à la plus élevée, de l'herbe la plus tendre jusqu'au bois le plus dur : aussi les hommes ont-ils donné aux plantes divers noms, suivant leur état et leurs forces ; tels que ceux d'*herbes*, de *sous-arbrisseaux*, d'*arbrisseaux* et d'*arbres*. C'est dans ce géant du *règne végétal* que nous pourrons examiner cette organisation merveilleuse, par laquelle les sucs s'élèvent, s'élaborent dans les *plantes* ; merveille commune à l'*arbre* comme à l'*herbe* la plus simple.

On remarque, dans un arbre coupé, le *bois*, l'*aubier* et l'*écorce* : toutes ces parties se font voir dans les branches ; mais la *moelle*, qui est au centre, s'y fait mieux remarquer. Cette *moelle* est un amas de petites cham-

brettes séparées par des interstices ;
on y trouve beaucoup de sève. Autour
de cette moelle sont rassemblés, suivant la longueur du tronc, plusieurs
vaisseaux, qui semblent destinés à
porter jusqu'à l'extrémité des branches une circulation active, qui,
comme dans le corps des *animaux*,
donne l'*accroissement* et soutient la
vie. Les *vaisseaux* propres sont des
canaux creux qui s'élèvent dans toute
la grandeur de l'arbre, et contiennent
le suc qui lui est particulier. Dans les
uns, c'est une *résine*, matière gluante
et *inflammable*, que les sapins donnent en abondance ; dans d'autres,
une *gomme*, dont la peinture, la médecine et l'art du teinturier font

8*

usage ; dans tel arbre, c'est du lait, tels que dans les *figuiers* ; un autre donne de l'*huile*, quelquefois un miel, un *sirop*, une *manne*. Ce suc, lorsqu'il rompt les vaisseaux qui le contiennent, et s'extravase dans certaines parties de l'arbre, le fait périr, comme dans l'*abricotier*, dont les branches se surchargent de gomme.

Les *vaisseaux lymphatiques* contiennent une *lymphe*, qui diffère peu de l'eau pure dans certaines espèces d'arbres. La *vigne* en donne une grande quantité lorsqu'elle pleure au commencement du printemps ; mais elle cesse d'en donner quand les feuilles sont épanouies. La même organisation se retrouve dans les *racines,* dans leurs *chevelus*, qui sont aussi déliés que des cheveux, et dans les branches de tous ces *vaisseaux*, réunis dans les *pédicules* des feuilles, se distribuent en plusieurs gros faisceaux, d'où il part un nombre infini de faisceaux moins gros, qui se subdivisent en une infinité de ramifications, et forment un *réseau* qu'on peut regarder comme le squelette des feuilles : les *moelles* de ces *réseaux* si délicatement tissus, sont remplies d'une substance cellulaire.

Les boutons qui sortent des branches et des racines, ont la même organisation : ce sont autant de petites plantes entières dont les parties sont repliées les unes sur les autres, et ne se développent que tour à tour. Dans les boutons, comme dans les œufs, et dans les germes des petits animaux, il y a des degrés ou des diminutions d'avancement qui vont jusqu'à l'infini. La prudence du Créateur et sa bonté n'éclatent pas moins dans ces ménagemens que sa puissance, puisque non seulement il nous donne d'excellens fruits pendant l'année, mais qu'il en réserve une récolte toute semblable pour l'année prochaine, et qu'en empêchant, par des préparations inégales, tous les boutons de s'ouvrir à la fois, il assure à notre consommation journalière des provisions inépuisables. C'est pendant le cours de l'été que se forme peu à peu,

à la naissance des feuilles, ces boutons, d'une forme un peu allongée,
qu'on aperçoit en hiver sur les jeunes
branches. Non seulement les boutons
de chaque genre d'arbre ont des formes particulières, mais les boutons de
chaque espèce en ont qui, bien observées, suffisent aux jardiniers qui
élèvent des arbres en pépinière, pour
leur faire distinguer les espèces des
boutons qui se trouvent sur le même
arbre; les uns sont pointus, et s'appellent *boutons à bois*, parce qu'il en
sort des branches; les autres sont plus
gros et plus arrondis, ils fournissent
les fleurs, et on les nomme *boutons à
fruits*. Les plantes annuelles, et celles qui ne sont vivaces que par leurs

racines, ne portent point de boutons sur leurs tiges; elles en ont seulement sur leurs racines.

Les hommes, voulant mettre à profit les dons de la bienfaisante nature, se sont efforcés de multiplier les arbres qui méritaient de l'être par la qualité du bois, la bonté des fruits, la beauté des fleurs et celle du feuillage; ils ont même perfectionné la nature; l'homme cultivateur a su découvrir le secret admirable de la *greffe*. Avec quel plaisir ne voit-on pas, par cette opération, un mauvais arbre se changer en un plus parfait, ou le même arbre porter différentes espèces de fruits?

Mais comment cela se peut-il, demanda Gustave ? — Cet art, dont l'origine est pour ainsi dire le berceau de l'agriculture, consiste à adapter ou une *branche*, ou un *bouton*, avec son écorce, sur l'arbre que l'on veut perfectionner ; il est nécessaire que le *sauvageon*, ou jeune arbre que l'on veut *greffer*, soit d'une nature analogue avec la *greffe* de l'arbre, que l'on y insinue au moyen d'une fente que l'on fait dans l'écorce du sauvageon, et que l'on fixe ensuite avec un peu de chanvre : aussi faut-il que les fruits à *noyaux* soient greffés sur des sauvageons à *noyaux*, et les fruits à *pépins* sur des espèces analogues. Qui ne serait pénétré d'admiration en voyant combien la culture peut contribuer à l'amélioration des fruits ? Elle est à cet égard comme l'éducation, qui développe, perfectionne les qualités morales d'un enfant, que l'on peut regarder comme le *sauvageon* de l'espèce humaine, mais pour qui les bienfaits de la *culture* que l'on donne à son esprit et à son cœur, le mettent à même de figurer avec distinction dans la société pour laquelle il est né.

La preuve que l'organisation des arbres a quelques rapports avec l'organisation animale, c'est qu'ils sont sujets à des maladies et à la mort. Souvent l'arbre tombe en langueurs, ou éprouve une espèce de *rachitisme* qui l'empêche de prendre son accroissement ordinaire ; d'autres fois, des excroissances gênent la circulation de sa sève, et nuisent à la qualité de ses fruits ; d'autres fois encore, il se fait des épanchemens extérieurs qui énervent l'arbre et lui font perdre toute sa vigueur. Les jardiniers habiles sont les *médecins* qui savent rémédier ou prévenir ces sortes de maladies, en dirigeant la *taille* des arbres de manière à lui rendre plus de force ; car, pour concourir à la beauté des fruits, l'art du jardinier n'est pas inutile, puisque deux fois par an il débarrasse les arbres d'une végétation qui l'énerverait. On retranche donc de l'arbre des branches que l'on appelle *gourmandes*, parce que si on les laissait croître, elles absorberaient, dans leur accroissement inutile, la sève nécessaire pour grossir le fruit. Vous voyez combien de détails peuvent intéresser l'observateur de la nature, puisqu'ils tendent tous à perfectionner la bonté et la beauté des fruits qui font nos délices.

Les naturalistes s'amusent quelquefois des expériences bizarres qui n'ont d'autre but que de faire obéir à la volonté des hommes les lois ordinaires de la végétation. Dans ce nombre, on peut citer celle qui eut un résultat des plus surprenans. Quelqu'un fit planter des arbres, les branches dans la terre, et les racines en l'air ; ils reprirent, quoique dans une position si contraire à celle qui leur est naturelle ; les branches produisirent des racines , et les racines des feuilles. D'abord ils poussèrent plus faiblement , mais au bout de quelques années , la différence était presque effacée.

Que de phénomènes la nature n'offre-t-elle pas à nos méditations ? Ce n'est pas assez de la suivre dans son cours ordinaire et régulier, c'est en essayant de la dérouter qu'on peut connaître toute sa fécondité et ses ressources.

Mais une chose extraordinaire, c'est la puissance que les plus petits insectes exercent sur des objets dont ils ne feraient pas la millionième partie. Les *vers*, les *chenilles*, les *fourmis*, les *pucerons*, par leurs attaques réitérées, produisent des maladies qui font quelquefois périr les arbres. Les *chenilles*, en dévorant les feuilles, le privent d'un abri qui le garantissait des ardeurs du soleil; le *ver*, en s'insinuant dans le fruit, pique le cœur et le fait tomber avant sa maturité, ou s'il y arrive, il est toujours d'une mauvaise qualité; la *fourmi*, en plaçant trop près des racines son asile, entrave, par son dangereux voisinage, la circulation, qui devait alimenter jusqu'aux petites branches de l'arbre; les *pucerons* leur causent aussi un grand dommage, et l'on est tout étonné de rencontrer dans les bois de très-gros

arbres percés d'une multitude de petits trous causés par des *vers* rouges
qui l'attaquent, s'y insinuent et les
affaiblissent au point que le vent les
renverse ensuite plus facilement.

Si je voulais vous faire la nomen-
clature de toutes les espèces d'arbres
connues, je m'engagerais dans des détails au-dessus du temps que nous
pouvons consacrer à cet entretien. Je
vous observerai seulement que, dans
les quatre parties du monde, la bonté
prévoyante du Créateur a placé des
espèces d'arbres analogues aux climats et aux besoins des hommes qui
les habitent. Ainsi, dans les pays brûlans, placés sous la zone torride, partout le *cocotier* offre ses richesses aux

9*

habitans. Son fruit est précieux par sa grande utilité et ses qualités *nutritives* et rafraîchissantes, et l'arbre qui le porte mérite une description particulière, puisqu'il pourvoit lui seul aux besoins d'un petit ménage, en lui donnant l'*aliment*, la *boisson*, les *meubles*, la *toile* et un grand nombre d'ustensiles. Cet arbre, qui est du genre des *palmiers*, est d'une médiocre grosseur, mais devient très-élevé. Il est quelquefois moins gros au milieu qu'à ses extrémités; il pousse peu avant dans la terre sa principale racine, mais elle est entremêlée d'une quantité d'autres plus petites, toutes entrelacées, qui aident à fortifier l'arbre. Sa tête est terminée par des feuilles fort longues et épaisses à proportion, dont le milieu est fort épais. Ses fleurs sont semblables à celles de tous les palmiers ; à ces fleurs succèdent un groupe de *cocos* qui sont les fruits de cet arbre. Ce fruit est plus gros que la tête d'un homme, ovale, quelquefois rond. Trois côtes, qui suivent toute sa longueur, lui donnent une forme triangulaire. Ces côtes forment une enveloppe, dont la noix de *coco* sort en grandissant. Le bout par lequel la noix est attachée à la branche a trois ouvertures, rondes de deux à trois lignes chacune de diamètre, qui sont fermées et remplies d'une matière grisâtre, spongieuse comme du liège, par lesquelles le fruit tire sa

nourriture de l'arbre. La coquille de
cette noix est grosse, dure, ligneuse.
On la travaille pour différens usages;
avec les coquilles de *coco* on fait toutes sortes de petits meubles qui ac-
quièrent un très-beau poli. Lorsque
cette noix n'est pas encore mûre, on
en tire une assez grande quantité d'une
liqueur extrêmement rafraîchissante
comme sous le nom de *lait de coco.*
Si le fruit a pris son accroissement,
la moelle que renferme l'écorce prend
de la consistance, devient bonne à manger, et prend un goût qui approche de
celui de l'amande. Les *Indiens* retirent
de cette moelle ou amande de cocos
frais, une huile bonne à brûler, ainsi
que pour faire cuire le riz et d'autres

usages. La coque qui enveloppe la noix, est épaisse et couverte à l'extérieur d'une peau mince et lisse, grise à l'extérieur, mais garnie en dedans d'une espèce de bourre rougeâtre et filandreuse, dont les Indiens font de la ficelle, des cables et des cordages de toute espèce. On s'en sert aussi de préférence à l'*étoupe*, pour calfater les vaisseaux, parce qu'elle ne pourrit pas si vîte.

Comme le cocotier fleurit tous les mois, il paraît toujours couvert de fleurs et de fruits qui mûrissent alternativement. Les habitans des contrées où il croît se servent des feuilles pour couvrir les maisons, faire des voiles de navires ; on dit même qu'elles leur servaient autrefois de papier ou de parchemin pour écrire les faits mémorables et les contrats publics. Les branches feuillées servent à faire des parasols et des nattes grossières. La partie de l'arbre d'où sortent les branches feuillées est environnée de plusieurs couches de fibres en réseaux qui peuvent tenir lieu de tamis pour passer les liquides, et jusqu'à la sciure de ses branches peut être employée pour faire de l'encre. Les Indiens montent sur les troncs des palmiers en fleurs, à l'aide de petits échelons faits avec du jonc. Ils coupent le bout du rameau où devaient naître les jeunes *cocos*, et à leur place on adapte un petit pot de terre dans lequel tombe la sève destinée à l'accroissement du fruit qu'on a retranché : c'est ce qu'on nomme *vin de palmier*, dont la saveur est si agréable et si rafraîchissante ; lorsqu'il est tout frais, il sert de boisson. Si on l'expose au soleil, il aigrit promptement, et donne un fort bon vinaigre. Le sommet de l'arbre est une espèce de *chou palmiste*, très-bon à manger. On emploie le bois du cocotier à la construction des maisons et des navires. Vous voyez, mes enfans, que c'est un arbre dont toutes les parties sont utiles, et dans lequel rien n'est perdu.

Je pourrais vous en citer beaucoup d'autres, qui réunissent tous des avantages à un degré moins éminent que le palmier peut-être ; mais qui pourrait ne pas contempler avec admiration les magnifiques orangers dont les délicieux bocages présentent à nos regards les pommes d'or qui désaltèrent notre soif, après avoir charmé nos yeux, et dont la fleur si suave semble annoncer par l'agrément de son parfum, toute l'excellence du fruit qui doit lui succéder ?

Le *châtaignier*, moins brillant, n'en est pas moins utile, puisque son fruit nourrit le pauvre dans beaucoup de pays, et que son bois, très-propre à la construction des maisons, passe pour avoir l'avantage d'être inaccessible aux vers.

Le *noyer*, dont le fruit produit une

huile si utile, est le bois des meubles légers et agréables.

L'*olivier*, dont le feuillage est le symbole de la paix, et le fruit qui nous donne une huile si estimée, fait la richesse des pays où il croît. Le *chêne* enfin, dont les premiers habitans du monde tiraient leur nourriture, et mangeaient le gland qui maintenant est livré à l'avidité des *pourceaux*; le chêne, dis-je, dont la cîme majestueuse s'élève avec vigueur, alimente les chantiers où l'on construit les vaisseaux, et par son incorruptibilité et sa solidité, devient la base nécessaire de toutes les constructions. Que de richesses! que de variétés! et comment l'homme pourrait-il être assez ingrat pour refuser à l'auteur de tant de bienfaits le juste tribut de sa reconnaissance ?

Remarquez ensuite, mes enfans, avec quelle admirable harmonie toutes les productions de la terre se coordonnent ! combien ces immenses forêts qui fournissent à nos chantiers les bois nécessaires à la marine, et à nos maisons des moyens de nous garantir du froid, ajoutent encore de charmes à la beauté des paysages en variant l'uniformité des plaines qui dégénéreraient bientôt en monotonie, si, d'un seul coûp-d'œil, on pouvait embrasser toute leur étendue ! Ces forêts contribuent donc à l'agrément et à l'utilité ; elles sont nécessaires même à la santé, en répandant des émanations balsamiques et essentiellement vitales. Autrefois les mystères de la religion des druides s'accomplissaient dans de sombres forêts où le chêne était l'arbre révéré.

Le roi Numa allait chercher dans les bocages les inspirations d'après lesquelles il travaillait aux lois qui devaient rendre son peuple heureux, et pour leur donner plus de force, il les faisait passer sous le nom de la nymphe *Égérie*. C'est au sein des forêts, dans les retraites les plus sauvages, que de pieux cénobites se dévouaient aux rigueurs de la pénitence, et croyaient gagner plus promptement le ciel en s'entourant de privations et en cachant leur existence au reste des hommes.

C'est sous les frais ombrages que les anciens bergers d'*Arcadïe* célé-braient leurs amours et les charmes de la vie pastorale. Dans tous les temps, les bois ont inspiré des idées riantes ou religieuses.

La nature a varié les productions des arbres à l'infini. Le *cafier* nous donne le *café* devenu d'un usage si général, qu'il est placé, par ceux qui ont contracté l'habitude d'en prendre, au nombre des besoins les plus impé-rieux. La hauteur de cet arbre, dans les *Colonies*, s'élève jusqu'à quarante pieds, mais sa grosseur n'excède guère quatre ou cinq pouces de diamètre. Ses feuilles ont quelque ressemblance avec le laurier ordinaire. Ses fleurs sont blanches, quelquefois d'un rouge pâle, odorantes, faites d'une seule pièce, en forme d'entonnoir. Elle se change en un fruit vert d'abord, rouge ensuite, et d'une couleur tannée, lorsqu'il est dans sa parfaite maturité, et de la grosseur d'un *bigarreau :* la chair en est mucilagineuse, pâle, d'un goût fade. Elle sert d'enveloppe commune à deux coques minces, ovales, étroitement unies par l'endroit où elles se joignent, et qui contiennent chacune une demi-fève ou semence d'un vert pâle ou jaunâtre, ovale, voûtée par le dos, plate par le côté opposé, et creusée de ce même côté d'un sillon assez profond. On sépare le grain de son enveloppe par le moyen d'un moulin, et c'est celui qui est si connu sous le nom de *café*. Outre l'agrément que les amateurs trouvent à le savourer, on lui attribue plusieurs propriétés précieuses, comme de réveiller les esprits engourdis, d'inspirer de la gaîté, d'être *fébrifuge*. On prétend qu'avant d'en connaître toute l'efficacité, on ne le cultivait pas, mais que des chèvres, qui allaient brouter dans un petit bosquet où il y avait de ces arbres, en mangeaient le fruit avec beaucoup d'appétit, et qu'elles ne revenaient jamais de ce bocage qu'en témoignant une gaîté extraordinaire, sautant et gambadant. Les *chevriers* voulurent s'assurer de ce qui pouvait causer ce changement d'humeur de ces animaux, et remarquèrent qu'elles mangeaient avec avidité d'un fruit qu'ils n'avaient pas encore distingué. Ils essayèrent d'en manger eux-mêmes, et éprouvèrent les mêmes effets. Alors on s'occupa de cultiver un arbre qui avait des qualités si essentielles, et la suite des temps a perfectionné la manière d'en faire usage. Telle est, d'après plusieurs naturalistes, l'origine des cafés dont la patrie première est l'*Arabie*, d'où l'on tire encore le plus réputé des cafés, celui de *moka*, dont les seuls habitans de l'*Yémen* débitent tous les ans pour plusieurs millions de francs. Sa culture s'est ensuite propagée dans tous les climats où il pouvait réussir, et il est devenu un des plus importans objets de commerce et de consommation.

Dans l'île de *Tinian*, il croît un arbre très-intéressant qui s'appelle arbre *à pain*. Il s'élève assez haut, et porte une belle tige garnie de feuilles dentelées, d'un beau vert foncé. Son fruit vient indifféremment à tous les endroits des branches. La figure de ce fruit est plus ovale que ronde. Il a environ sept à huit pouces de longueur ; une écorce forte et épaisse le recouvre. Ce fruit a une saveur à peu près semblable à celle du cul d'artichaut cuit. Quand il est plus mûr, il a un goût plus doux et ressemblant à la pêche; il est très-nourrissant, et beaucoup de personnes le préfèrent au pain, dont il a pris le nom.

Dans l'Amérique septentrionale, il y a aussi un arbre qui produit de la *cire* que l'on retire par ébullition de ses grains qui en sont enveloppés.

A la *Chine*, il croît un autre arbre dont on retire de l'*huile* : il ressemble un peu au *noyer*. Ses noix, au lieu d'amandes, contiennent une huile assez épaisse, mêlée avec une pulpe un peu huileuse, que l'on exprime fortement.

Dans la Nouvelle-Espagne, il y a un arbre nommé *papyrus*, dont la feuille est grande, verte, quelquefois rouge, épaisse et ronde. Elle sert de papier aux Indiens qui écrivent dessus avec des stylets. Son fruit est une espèce de raisin dont les grains sont gros comme des *avelines*, couleur de *mûres*; il est fort bon à manger.

Dans les îles Antilles, il y a l'arbre du *baume* : c'est un arbrisseau qui porte des feuilles assez ressemblantes à la *sauge*. Lorsqu'on en arrache une de sa tige, il sort de la queue une goutte d'une liqueur jaune, que l'on conserve précieusement dans des fioles, et dont on se sert pour les blessures, comme du baume du *Pérou*; il n'en diffère que par l'odeur.

Vous voyez, mes enfans, quelles variétés étonnantes les arbres réunissent! Je ne crois pas que l'on puisse en citer un seul qui soit totalement inutile ; car ceux qui ne rapportent aucun fruit, et qui n'ont aucune propriété remarquable, peuvent toujours servir à brûler ou à faire l'ornement des bocages.

Je vous ai parlé avec plus de détail des *arbres* que des autres végétaux, parce qu'ils sont d'un intérêt plus généralement reconnu, ou du moins ils satisfont davantage la curiosité.

— Mon papa, dit Auguste, est-il vrai que les arbres attirent le tonnerre, et qu'il ne faut jamais chercher un abri sous leur feuillage, lorsqu'il fait des orages ? — La forme pyramidale des sapins, des peupliers, les rend très-dangereux en effet. Les autres ar-

bres présentent aussi un grand incon-
vénient; car le mouvement continuel
des feuilles attire les nuages qui,
chargés de la matière électrique qui
s'enflamme, sort du nuage avec vio-
lence, et présente les phénomènes les
plus extraordinaires en tombant sur la
terre avec une incroyable vîtesse. Il
ne peut être que fort dangereux de
s'exposer à un aussi terrible voisinage.
Les gens de la campagne, que leurs
travaux exposent à être souvent sur-
pris dans les champs par des orages,
sont fréquemment les victimes des effets singuliers du tonnerre, en cher-
chant à s'en garantir par l'abri des
arbres ; et ils paient bien cher leur fa-
tale inexpérience. — Oh que je vou-

drais bien savoir avec quoi est fait le tonnerre ! — C'est une matière qui se compose des exhalaisons de la terre, combinées et rendues inflammables par la compression qu'elles éprouvent dans les nuages qui les recèlent. L'agitation continuelle qu'elle reçoit accélère son embrasement jusqu'à ce qu'elle soit-enflammée ; elle roule avec fracas dans les nuages qui sont ses enveloppes. Les pays dont il s'exhale des émanations *sulfureuses* sont plus sujets aux éclairs, au tonnerre, aux tremblemens de terre, que les autres : l'*Italie* en fait la preuve. La science appelée *physique*, qui s'est attachée particulièrement à deviner les secrets de la nature, est parvenue à découvrir comment était formé le tonnerre, et quelle matière en était la base, de sorte que les savans, en combinant les mêmes matières, sont parvenus à obtenir les mêmes effets ; et non seulement ils sont parvenus à faire gronder le tonnerre, mais encore à le faire tomber. — Beau miracle, vraiment ! ils auraient bien mieux fait de chercher les moyens de l'empêcher de tomber. — Il y a des effets de la nature qu'il n'est pas au pouvoir de l'homme d'empêcher ; mais par une suite des mêmes études, les savans sont arrivés à la possibilité de diriger le tonnerre, et par conséquent d'atténuer ses dangereux effets. — Et comment cela, mon papa ? — Par le moyen de *l'aimant*, pierre ferrugineuse qui se trouve dans les *mines* de fer ; comme cette pierre a des effets très-singuliers, qu'elle communique au fer préparé pour les recevoir, on a trouvé qu'une barre de fer très-élevée, que l'on avait eu soin *d'aimanter*, c'est-à-dire de rendre *attractive*, avait la propriété d'attirer le tonnerre. Alors on a donné à ces *aiguilles* le nom de *paratonnerre*, et on en a placé sur les bâtimens où la foudre pourrait faire le plus de ravages en tombant. On a le soin d'adapter à cette barre de fer une petite chaîne que l'on appelle *conducteur*, et qui va se perdre dans un puits perdu, ou un lieu qui n'offre aucun danger. La vertu at-

tractive de la barre de fer *aimantée*
attire la matière que l'on appelle *électrique*, et qui n'est autre chose que
la composition du tonnerre ; il tombe
et suit la direction que lui imprime
par la même raison la chaîne du *conducteur*. Forcé par ce moyen d'obéir
à une impulsion *dirigée*, les effets du
tonnerre ainsi attiré ne peuvent être
nuisibles.

Mon dieu ! dit Victor, que de choses
l'on peut donc apprendre depuis que
mon papa veut bien causer avec nous
de tout ce que nous ignorons ! j'ai
vraiment appris des choses bien merveilleuses, et cette propriété de l'aimant n'est pas celle qui me paraît le
moins extraordinaire. Si vous vouliez,

mon papa, nous parler bien en détail de cette pierre étonnante, cela me ferait beaucoup de plaisir! — Je le ferai volontiers, mon ami, quand nous serons arrivés à l'examen du règne *minéral*, dont cette pierre fait partie; et je pense que ce sera la première fois que nous pourrons consacrer notre promenade à cet objet. Pour aujourd'hui, j'abandonne avec regret le vaste champ où je pourrais promener votre imagination : mais je vous le répète, mon intention, en vous faisant, pour ainsi dire, effleurer les sujets d'étude si intéressans, est de vous en faire sentir l'utilité et l'agrément, et de vous inspirer le goût de les approfondir, lorsque votre intelligence, plus dévelop-

pée, en sentira mieux tous les avantages. Jusqu'à cet instant, si j'appro-
fondissais plus les sujets que je vous
fais passer en revue, je risquerais de
n'être pas compris par vous, et par
conséquent je prendrais une peine
sans fruit, ou je pourrais fort bien vous
ennuyer. Attendons donc encore quelques années, pour arriver à des détails plus étendus.

— Quoi ! s'écria Auguste, il me
faudra attendre des années pour connaître ce qui me paraît être d'un vif
intérêt ? — Mon ami, pour bien savoir,
il ne faut apprendre que quand on peut
bien profiter. — Mais j'ai des années
de plus que mes frères, et il serait de
toute injustice de me faire attendre

que Victor puisse comprendre ce
que bien certainement je comprendrais avant lui. — Je tâcherai de trouver des moyens pour que ce qui instruira l'un n'ennuie pas l'autre ; mais, malgré la très-bonne opinion que tu as de toi-même, je ne suis pas bien convaincu que tu sois capable de fixer ton attention autant qu'il serait nécessaire pour profiter de pareilles études. La petite famille termina sa promenade, et Victor, qui avait sur le cœur l'espèce de reproche que son frère lui avait fait, forma le projet d'aller furtivement dans la bibliothèque de son père, de s'emparer alternativement de tous les volumes d'histoire naturelle que M. de Buffon a écrits, et de

se mettre à même, par cette lecture, de prouver qu'il pouvait atteindre à la supériorité qu'Auguste croyait avoir sur lui. Satisfait de ce projet, il ne tarda pas à le mettre à exécution, et il avait déjà lu avec une grande attention deux volumes, lorsque le moment d'une nouvelle promenade arriva.

CHAPITRE III.

M. de Lormeuil dirigea à dessein la promenade de ses enfans du côté d'une carrière d'où l'on tirait des pierres énormes ; ayant choisi pour s'asseoir un emplacement qui ne les privait pas de voir les travaux des ouvriers, M. de Lormeuil leur parla ainsi :

Vous voyez, mes bons amis, des richesses d'un nouveau genre, mais qui ne peuvent être arrachées à la terre qu'avec des peines infinies. Les *carrières*, dont vous voyez en ce

moment une des plus abondantes,
contiennent les pierres qui servent à
construire les murs qui soutiennent
nos maisons, et forment les enclos
qui nous garantissent contre les mal-
intentionnés. Ces pierres que vous
voyez extraire de ces excavations, sont
quelquefois trop énormes pour que
des hommes puissent les enlever de
leurs retraites ; mais où la *force* man-
que, l'*adresse* et l'*intelligence* peuvent
suppléer. Aussi, par le moyen de
la poudre à canon, on fait sauter par
éclats les blocs énormes dont l'é-
paisseur et la solidité semblent être
l'ouvrage des siècles accumulés ; de là
viennent ces excavations souterraines,
qui existent presque toujours auprès

des grandes villes. Dans des temps ca-
lamiteux de guerre, elles ont souvent
servi de refuge à ceux qui fuyaient
pour éviter les dangers du pillage.

Il y a plusieurs espèces de carrières,
car des unes on tire le marbre, et
elles s'appellent *marbrières ;* celles
d'*ardoises* se nomment *ardoisières,*
et celles de *plâtre, platrières.* Le
marbre sert à la sculpture, et est employé pour les édifices où l'on veut
étaler de la magnificence ; l'ardoise
couvre le toît des maisons, et le plâtre
est d'un usage indispensable pour faire
le mortier qui lie et consolide les
murs. Vous voyez, dans cette partie de richesses contenues dans le sein
de la terre, combien on rencontre

d'utilité, et il paraît que le sol où l'on établit ces carrières se métamorphose en pierres, avec la lenteur de beaucoup de siècles ; car un observateur a remarqué qu'en Touraine une partie du sol qui avoisinait son château s'est changée en pierres tendres, dans un espace de quatre-vingts ans. Il a fait bâtir avec cette pierre, qui est devenue très-dure étant employée. La libéralité de la nature n'est pas moins grande, dans certains pays où elle a placé des *mines* ou carrières de sel qui suppléent pour les usages communs de la vie au sel que l'on tire de la mer.

Mais si nous essayons de parcourir tous ces *minéraux* si multipliés dont

les uns alimentent la richesse et l'o-
pulence, les autres enrichissent la
médecine et la physique ; les autres
contribuent à la fabrication des métaux : quel nouveau champ s'offre à
notre admiration !

Les *diamans*, si recherchés, que
l'on paie à raison de leur grosseur, de
leur régularité et de la perfection de
leur eau ; cette pierre est la plus pure,
la plus dure, la plus pesante, la plus
diaphane étant polie.

— Qu'est-ce donc qu'être *diaphane ?* demanda Gustave. — C'est
ce qui est si transparent qu'on aperçoit à travers la clarté de la lumière.

— Et vous dites, mon papa, que cela
se trouve dans la terre ? les boucles

d'oreilles de maman sont de diamans, n'est-ce pas? — Oui, mon ami, mais il ne se trouve pas dans la terre, comme tu le vois employé ; car on présume que les diamans ont été primitivement des gouttes d'eau cristallisées qui se sont pétrifiées, c'est-à-dire qui ont acquis la dureté de la pierre ; aussi tous les diamans commencent par être bruts, et sont enveloppés d'une croûte grisâtre et souvent grossière, qui laisse à peine apercevoir quelque transparence dans l'intérieur de la pierre. Cette pierre précieuse est si dure, qu'elle résiste à la lime, et acquiert la propriété de reluire dans l'obscurité, soit en la frottant contre un verre, soit en l'exposant quelque temps aux rayons du soleil. Comme la plupart des pierres transparentes, le diamant a la propriété d'attirer, immédiatement après avoir été frotté, la paille, les plumes, les feuilles d'or, le papier, la soie et les poils. Il y en a de plusieurs couleurs : le *rubis*, qui est d'un rouge pourpre ; le *saphir*, qui est d'un beau bleu ; l'*émeraude*, qui est d'un beau vert ; l'*améthyste*, qui est d'un violet clair ; la *topaze*, qui est jaune ; mais le plus beau et le plus estimé est le diamant blanc.

Il semble que la nature ait été avare d'une matière si parfaite et si belle. Jusqu'à ce siècle, on ne connaissait de mines de diamans que dans les Indes orientales. Depuis on en a trouvé dans le Brésil et l'Amérique.

Les plus belles *mines* de diamans et les plus riches sont en Asie, dans les royaumes de Golconde et de Visapour et de Bengale, sur les bords du Gange, dans l'île de Bornéo. Dans les environs de Golconde, la terre est sablonneuse, pleine de rochers et couverte de taillis. Les rochers sont séparés par des veines de terre, d'un demi-doigt, et quelquefois d'un doigt de largeur. C'est dans cette terre que l'on trouve les diamans. Les mineurs la tirent avec des fers crochus, ensuite on la lave dans des vases, pour en séparer les diamans. On répète cette opération jusqu'à ce qu'on se

soit assuré qu'il n'en reste plus. Il y
a une de ces mines qui occupe jusqu'à
soixante mille ouvriers, tant hommes
que femmes et enfans. Il y a encore
une matière bien singulière qui se
trouve dans le sein des rochers, et
que l'on appelle *cristal de roche*. On
perce souvent les rochers pour entrer
dans les cavernes qui les contiennent.
On soupçonne, avec assez de vraisemblance, le cristal de roche d'être la
base de toutes les pierres précieuses;
car réellement il n'en diffère que par
la dureté; aussi, lorsqu'il est coloré,
on l'appelle du nom de la pierre précieuse à laquelle il ressemble, en y
ajoutant l'épithète de *faux*. Le cristal de roche se trouve dans toutes les

parties du monde où il y a des montagnes en *chaîne*, et dans des grottes ou des cavernes abreuvées d'eau. Ils pendent aux voûtes supérieures, tapissent aussi les parois des cavernes; il en vient des Indes et du Brésil; en Europe, c'est le mont St.-Gotard qui en fournit la plus grande partie. Le cristal se tire quelquefois en pierres très-volumineuses, et l'on en a trouvé de pures et sans défauts qui pesaient jusqu'à cinq cents livres.

Le *règne minéral* se divise en beaucoup de parties; il comprend les *métaux*, dont le plus précieux dans l'opinion est l'*or*, et le plus utile en réalité est le *fer*. L'*argent* est un métal blanc, qui, après l'or, est le plus

parfait, le plus beau et le plus précieux des métaux.

On trouve quelquefois de l'argent
pur , formé naturellement dans les
mines ; mais le plus souvent il est
mêlé avec des matières étrangères
dont on le sépare par des opérations
que l'art a su combiner. On le trouve
sous diverses formes et sous différentes
couleurs très-variées. C'est dans le
cabinet des naturalistes et des riches
amateurs que l'on aime à admirer ces
beaux jeux de la nature dans les
mines d'or, d'argent et d'autres métaux. On y trouve entre autres espèces
de mines très-curieuses, de *l'argent
en cheveux* , dont les filamens sont
si fins et si déliés qu'on ne peut les

mieux comparer qu'à des cheveux de fils de soie, ou à un flocon de laine qui serait tacheté de points brillans. L'*argent en feuilles* ressemble beaucoup à des *feuilles de fougères ;* on y voit une côte qui jette de part et d'autre des *branches* : toutes ces variétés portent le nom d'*argent vierge* ou *natif.* Il y en a aussi en bloc solide, qui se trouve particulièrement dans les montagnes du Pérou ; mais les mines les plus ordinaires sont celles où ce métal est renfermé dans la pierre ; il se montre encore sous un grand nombre de formes, dans le sein de la terre, et en même temps que d'autres matières minérales, telles que le *soufre,* l'*arsenic,* etc., etc.

La moitié d'un tonneau, soutenue par un câble, sert d'escalier pour descendre....

Il y a des mines d'argent dans les quatre parties du monde ; mais l'Amérique est la plus riche dans ce genre. On ne peut songer sans frémir à quels dangers s'exposent les hommes pour arracher les métaux des entrailles de la terre. Je vais vous faire, mes enfans, la description d'une mine d'argent qui existe en Suède ; cela vous donnera une légère idée de toutes les autres.

On descend dans cette mine par trois larges bouches semblables à des puits dont on ne voit pas le fond. La moitié d'un tonneau, soutenue par un cable, sert d'escalier pour descendre dans ces abîmes, au moyen d'une machine que l'eau fait mouvoir. La

grandeur du péril se conçoit aisément, puisqu'on n'est qu'à moitié dans
un tonneau, et que l'on ne porte que
sur une jambe. On a pour compagnon
un homme noir comme un forgeron,
qui entonne tristement une chanson
lugubre, et qui tient un flambeau à
la main. Quand on est au milieu de
la descente, on commence à sentir
un grand froid : on entend les torrens
qui tombent de toutes parts ; enfin,
après une demi-heure, on arrive au
fond d'un gouffre. Alors la crainte se
dissipe ; on n'aperçoit plus rien d'affreux : au contraire, tout brille dans
ces régions souterraines ; on entre
dans une espèce de grand salon sou-
tenu par des colonnes de mine d'ar-

gent ; quatre galeries spacieuses y viennent aboutir. Les feux qui servent à éclairer les travailleurs se répètent sur l'argent des voûtes et sur un ruisseau qui coule au milieu de la mine. On voit là des gens de toutes les nations ; les uns tirent des charriots, les autres roulent des pierres : chacun a son emploi. C'est une ville souterraine : il y a des maisons, des cabarets, des écuries et des chevaux. Mais ce qu'il y a de plus singulier, c'est un moulin à vent, mis en mouvement par un courant d'air ; le moulin va continuellement dans cette caverne, et sert à élever les eaux, qui incommoderaient les *mineurs*.

— Mon dieu ! mon papa, il me

semble entendre raconter un conte
de fée, en écoutant ce que vous dites.
— La nature offre tant de merveilles,
qu'il n'est pas étonnant qu'elles exci-
tent ta surprise ; mais , mon ami ,
combien toutes ces richesses , et les
moyens de les utiliser , ont fait perdre
la vie à de pauvres Indiens ! — Comment donc cela, mon papa? — C'est
en Amérique, où les mines sont les
plus productives , et dans le *Potosi :*
il y a des mines à exploiter , où le
travail devient funeste aux ouvriers,
à cause des exhalaisons qui sortent
de la mine. On rencontre même
quelquefois des veines métalliques,
qui rendent des vapeurs si perni-
cieuses , qu'elles tuent sur-le-champ.

et qu'on est obligé de les refermer.

On oblige les paroisses des environs du Potosi , de fournir tous les ans un certain nombre d'Indiens , pour le travail des *mines*. Ils partent avec leurs femmes et leurs enfans. A peine sont-ils arrivés, qu'ils descendent tout nus dans les horreurs de ces tombeaux métalliques, où ils ne voient pas le jour. Au bout d'une année de travaux, on permet à ces infortunées victimes de revenir à la surface de la terre, et à leurs habitations. Presque tous les ouvriers qui ont travaillé pendant un certain temps aux mines , sont per-clus de tous leurs membres, et l'hu-manité frémirait d'apprendre combien de victimes ce genre de travail peut faire. Heureusement, il existe dans ce pays une herbe nommée l'herbe du *Paraguai*, que les *mineurs* mâchent comme du tabac, et prennent en infusion. Sans ce secours, on serait obligé d'abandonner la mine.

Le *cuivre* est de tous les métaux imparfaits celui qui approche le plus. de l'or et de l'argent pour ses qualités ; il est très-sonore et très-dur ; il se trouve dans la terre, sous diverses formes et sous un nombre infini de couleurs, mêlé et combiné avec d'autres matières. Il est de tous les métaux celui dont les mines sont les plus variées ; car il se rencontre rarement sous sa véritable forme métallique. On le trouve encore plus souvent que le *fer*. Les mines de cuivre sont presque toujours chargées de *soufre*, d'*arsenic*, de parties *ferrugineuses*, et d'une portion d'argent. Il a été le premier métal découvert par les anciens. Les Romains ont eu l'art de le durcir et de l'amener jusqu'à l'état de l'*acier*, à l'aide de la trempe et du marteau. Ils faisaient avec cette matière des instrumens de première nécessité, tels que des *charrues*, des *couteaux*, des *haches*, des *épées*, etc.

Il y a des mines de cuivre dans toutes les parties du monde connu : elles sont disposées par *sillons* qui pénètrent la terre à des profondeurs extrêmes.

— Mais, mon papa, dit Auguste,

je sais bien que notre batterie de cuisine est en cuivre ; pourquoi les chau-
drons sont-ils jaunes, et les marmites
sont-elles rouges ? il y a donc du cuivre
de deux couleurs ? — C'est que le cuivre mélangé avec d'autres substances
donne pour ainsi dire naissance à d'autres métaux dont quelques-uns sont
d'une grande beauté ; fondu avec le
zim, il donne le *similor*, et ressemble
beaucoup à l'or ; avec la *calamine*,
il forme le *cuivre jaune* ou *laiton* ou
airain : par cet alliage, il devient capable de se bien mouler ; étant fondu,
il prend fidèlement les traits que l'on
veut lui imprimer. Le *laiton* étant
poli, prend l'éclat de l'or ; on en gar-
nit des meubles ; on en fait des orne-

mens de pendule, sous mille formes gracieuses. On fait mille choses utiles avec le cuivre : tous les rouages d'horlogerie, les instrumens de mathématique, etc. Lorsqu'il est allié avec de l'*étain*, il produit le *bronze*, et c'est avec cette matière que l'on coule les statues, les canons et les cloches ; on en fait des monnaies, des médailles, et tout ce qui sert à perpétuer les grands événemens ; on en fait, sous la forme de laiton, jusqu'à des cordes de piano, et d'autres instrumens ; on l'emploie aussi pour faire les planches de gravures.

Il est fâcheux que ce métal joigne à tant d'utilité beaucoup de dangers, car, par suite des usages auxquels on l'emploie, on est souvent empoisonné. Le moindre acide qui se trouve dans du cuivre, produit le *vert-de-gris*, et cette substance tue. Aussi l'on a vu plus d'une fois d'imprudentes cuisinières empoisonner des familles entières pour avoir eu la négligence de laisser refroidir dans les vases qui leur avaient servi à faire la cuisine, les alimens qu'elles avaient préparés. Dans les ateliers en grand, où l'on façonne le cuivre, on y respire une forte odeur, due aux émanations de ce métal, et qui est fort dangereuse : les ouvriers ont leurs cheveux, la peau du visage, des mains, et les ongles colorés en vert. Si l'on avale, par malheur, du vert-de-gris, on ressent à l'instant de violentes douleurs dans l'estomac ; des coliques, des vomissemens, des sueurs froides, des convulsions, et enfin la mort, sont les terribles suites de ce poison lorsqu'on n'y oppose pas des remèdes très-prompts, encore quelquefois sont-ils inutiles.

Le *fer* est un métal très-compact et peu malléable, solide, dur, sonore, et le plus élastique des métaux.

La sage et prévoyante Providence, toujours attentive à pourvoir aux besoins de l'espèce humaine, a su multiplier les productions qui lui sont de première nécessité. Les plus utiles du règne végétal et du règne animal, sont aussi les plus communes. Dans le règne minéral, le fer tient un des premiers rangs parmi les métaux nécessaires à l'homme : la nature lui a donné des propriétés sans nombre et très-utiles ; elle l'a répandu avec profusion dans les entrailles de la terre ; il est peu de pays qui n'ait à se féliciter de posséder, dans ses environs, des mines ou des fonderies de fer. Nous en avons beaucoup en France.

Dès les premiers âges du monde, les hommes ont connu le fer. On attribue à Tubalcaïn, sixième descendant de Caïn, l'art de l'avoir utilisé. Le fer n'avait d'abord d'autre usage que de servir à la culture de la terre : le luxe et l'avarice le font servir à fouiller dans les mines ; l'ambition et la tyrannie en ont fait des armes pour

la destruction des humains ; le besoin
et l'industrie l'emploient à la perfection des arts ; il en est l'âme, et l'u-
sage de ce métal s'étend partout. En
Suède il y a une montagne de fer
connue sous le nom de *Taberg*. Cette
masse de terre métallique est située à
quarante lieues de la mer, et à plus de
quatre cents pieds de hauteur perpen-
diculaire, et a une lieue de circuit.
Elle n'est, à proprement parler,
qu'une masse ou filon de fer, très-
riche. Cette montagne, qui n'a aucune mine dans ses environs, est un
des plus singuliers échantillons du cabinet de la nature ; elle est posée sur
un lit de sable très-fin, dont elle paraît avoir été couverte, et semble

avoir été transportée dans cet endroit. Quoique depuis plus de deux siècles on en ait fait sauter des masses énormes, elle ne paraît pas considérablement diminuée. On aperçoit sur la surface de cette montagne plusieurs crevasses remplies de sable de mer très-fin et très-pur ; on y trouve aussi des os de cerf et d'autres animaux rangés horizontalement dans des lits de sable.

Lorsque les Espagnols firent la conquête du *Pérou*, les naturels du pays furent si charmés de l'utilité dont le *fer* pouvait être, qu'ils le préféraient à l'*or*, qu'ils possédaient en abondance, mais qui ne peut pas servir aux mêmes usages, parce qu'il n'en a pas

la dureté et la solidité ; ils échangeaient
volontiers des morceaux d'or, qui flat-
taient la cupidité du peuple conqué-
rant, contre des *haches* ou d'autres
outils qui leur étaient inconnus, mais
dont ils sentaient l'avantage.

Le *fer* est attiré par *l'aimant* dont
je vous ai déjà parlé. C'est même lui
qui a fait découvrir la singulière propriété de cette pierre ferrugineuse ;
car, si l'on en croit un ancien naturaliste, un berger ayant senti que les
clous de ses souliers et son bâton qui
était ferré, s'attachaient à une roche
d'aimant sur laquelle il passait, cher-
cha à approfondir la cause de ce phénomène ; et par les découvertes que
d'autres sciences amenèrent, on doit

à ce *minéral* obscure l'avantage d'avoir établi des communications entre les différentes parties du globe, puisque c'est à l'aimant qu'on doit l'usage de la *boussole* et les immenses avantages qui en résultent pour la navigation.

— Oh! dit Victor, je voudrais bien savoir ce que c'est que cette boussole?

— Lorsque je vous donnerai des connaissances plus étendues, mes enfans, je vous en apprendrai l'usage. Quant à présent, je me contenterai de vous dire que c'est par elle qu'on dirige les vaisseaux dont la marche est restée si long-temps incertaine. L'aimant attire le fer à une très-grande distance, et demain je vous en ferai faire l'expérience, en plaçant un mor-

ceau d'aimant sur une table où il y
aura des *aiguilles ;* vous verrez les aiguilles s'approcher de l'aimant et s'y
attacher fortement ; et si vous voulez
les en détacher, vous éprouverez une
forte résistance.

La médecine a également tiré parti
du fer et de l'aimant dans le grand
art de guérir, et vous voyez, mes enfans, que tout dans la nature a des
propriétés qui ne demandent qu'à être
découvertes pour paraître admirables.

L'*étain* est encore un des métaux
imparfaits et le plus *mou* après le
plomb. Sa couleur est blanche et brillante ; il est facile à ternir, mais il ne
se rouille pas ; plus ce métal est pur,
et moins il pèse. C'est le plus léger

des métaux ; on l'employait jadis beau-coup plus qu'à présent ; il servait de vaisselle dans le temps où l'on n'avait pas encore trouvé l'art de faire la por-celaine et la faïence.

Le *plomb* est aussi un métal *mou*, très-ductile, que l'on courbe et à qui l'on donne toutes les formes possibles avec une grande facilité ; car il est très-aisé à fondre. On l'emploie pour con-duire les eaux, et l'on en fait des tuyaux pour les fontaines, les pompes et les décorations de jardins.

— Mon dieu ! dit Victor, quelles richesses, et qu'il faut de temps pour apprendre à les connaître ! — Pour étudier avec plus d'ordre et de fruit, on a classé toutes ces productions de

la nature de manière à en faciliter l'é-
tude aux savans ; ainsi, la science qui
embrasse toutes les productions que
les trois règnes de la nature présentent, s'appelle *histoire naturelle*. La
minéralogie désigne les *minéraux* ;
la *métallurgie* est consacrée aux *métaux* ; la *botanique* concerne les *végétaux*.

Il y a encore une foule d'objets qui
se trouvent dans le sein de la terre,
pour servir au besoin des hommes,
et qui semblent être emmagasinés
pour le moment où ils en auront besoin. Telle est la *houille* ou *charbon
de terre*, ou *charbon minéral*, qui
est une substance inflammable composée d'un mélange de *terre*, de *pierre*,

de *bitume*, et quelquefois de *soufre*. Elle est d'un noir de fumée, feuilletée, et sa nature varie suivant les endroits d'où elle est tirée. Cette matière, une fois allumée, conserve plus long-temps le feu et produit une chaleur plus vive qu'aucune autre substance inflammable. L'action du feu la réduit ou en cendre ou en une masse poreuse et spongieuse qui ressemble à des pierres ponces.

Il y a des mines de charbon de terre dans presque toutes les parties de l'Europe; mais par un effet particulier de la bonté du Créateur, on trouve plus fréquemment cette substance, qui remplace le bois de chauffage, dans les pays où le bois et les forêts sont rares. En Angleterre, la houille est d'un usage habituel, et fait un objet de commerce considérable pour toute la Grande-Bretagne ; on a même fait la découverte d'un nouveau charbon de terre qui se trouve en Irlande : il ne donne point de fumée, avantage bien précieux qu'il a sur le charbon de terre ordinaire ; mais il jette à la ronde une flamme bleue et constante, fortement imprégnée de soufre, et qui reste suspendue au-dessus en forme de nuage. Ce charbon se trouve en très-grande quantité dans des lits de marbre noir. On prétend qu'il a l'avantage de purifier l'air ; du moins les habitans des lieux qui avoisinent ces mines jouissent d'un atmosphère clair et net, tandis que les autres parties du royaume sont continuellement enveloppées de brouillards épais pendant l'hiver.

La France possède aussi une grande quantité de mines de *charbon* de la meilleure qualité. Le sentiment des *naturalistes* est partagé sur le principe et la formation de ce *charbon minéral.* La plus vraisemblable de ces opinions, c'est de penser que, par des révolutions arrivées à notre globe, des forêts entières de bois résineux ont été ensevelies dans le sein de la terre, où, après plusieurs siècles, le bois, après avoir subi une décomposition, s'est changé en un limon ou en une matière terreuse qui a été pénétrée par

la substance résineuse que le bois contenait lui-même avant sa décomposition, et a été *minéralisé* ensuite. Ce
qui fortifie cette opinion, c'est que
les couches de charbon de terre sont
ordinairement couvertes de grès, de
pierres calcaires, d'argile et de pierres
semblables à l'ardoise sur lesquelles
on trouve des empreintes de plantes
des forêts, surtout de fougères et de
capillaires.

Lorsqu'on a découvert une mine
de charbon de terre, on perce deux
puits ou *bures* qui traversent les couches supérieures et inférieures de la
veine de charbon. L'un de ces puits
sert à placer une pompe pour épuiser
l'eau, l'autre pour tirer le charbon.

Ces bures servent aussi à donner de l'air aux ouvriers, et à fournir une issue aux vapeurs dangereuses qui infectent ordinairement ces sortes de mines.

Les mines de charbon de terre s'embrasent quelquefois d'elles-mêmes, au point qu'il est très-difficile de les éteindre : c'est ce qu'on peut voir en Angleterre, où il y a des mines qui brûlent depuis nombre d'années.

Le charbon de terre est d'une très-grande utilité dans différens usages de la vie. Non seulement on s'en sert en guise de bois de chauffage, et pour cuire les alimens, mais on l'emploie aussi dans plusieurs métiers. Tous ceux qui travaillent le fer le préfèrent à cause de la vivacité et de la durée de sa chaleur.

Il y a encore une autre sorte de charbon que l'on appelle *végétal* et *fossile* : il est curieux par le lieu où on le trouve. Près de la ville d'Alfort en Franconie, on trouve une montagne couverte de pins et de sapins. On voit une ouverture profonde qui forme une espèce d'abîme que l'on a nommé *Temple du diable*. On a trouvé dans ce lieu de grands morceaux de charbon semblables à du bois d'ébène, épars çà et là dans une espèce de grès fort dur. En continuant la fouille, on en trouva de semblables épars dans l'espace d'une demi-lieue. Ces charbons étaient pe-

sans, compacts ; on a essayé avec suc-
cès de s'en servir pour forger du fer ;
il s'en est trouvé quelques morceaux
qui n'étaient pas entièrement réduits
en charbon, l'autre moitié n'était que
du bois pourri. On peut en conclure
avec assez de vraisemblance, que des
forêts entières ayant été renversées et
enfouies par suite de tremblemens de
terre et des éruptions de feux souter-
rains, une portion de ces forêts aura
été réduite en charbon par l'effet de
ces mêmes feux.

— Mais, mon papa, dit Auguste,
c'est peut-être au temps du déluge
que tous ces bouleversemens sont arrivés, quoique j'aie bien de la peine
à comprendre la possibilité d'un tel

événement. — Ce mot de *déluge* signifie la plus grande inondation qui
ait jamais couvert la terre ; celle qui
a dérangé l'harmonie et la structure
de l'ancien monde, et qui, par une
cause extraordinaire, des plus violentes, a produit les effets les plus
terribles , en bouleversant la terre,
soulevant ou applanissant les montagnes, dispersant les habitans des mers
couche par couche, sur la terre ; celle
enfin qui a semé jusque dans les entrailles de la terre , les monumens
étrangers que nous y trouvons ; et
qui doit être la plus grande, la plus
ancienne et la plus universelle catas-
trophe dont il soit fait mention dans
l'histoire. On ne peut contester l'exis-

tence de cet événement, car la **chro-nologie** de tous les peuples civilisés en fait mention. Seulement entre les différens peuples, il règne quelques contradictions, puisque les uns soutiennent qu'il y a eu deux déluges ; d'autres trois, quelques-uns quatre, et même un cinquième. Mais tous les écrivains profanes racontent les mêmes circonstances que *Moïse*. Ainsi, l'on peut s'en tenir à sa tradition, puisqu'elle paraît confirmée par les autres traditions.

Mais j'ai encore à vous parler d'un *fossile* singulier fait pour exciter la curiosité ; c'est *l'amiante*, qui ne se calcine point par l'action du feu ordinaire.

La propriété de cette singulière substance, est d'être composée de filets soyeux, si flexibles, et qui peuvent devenir si souples par l'art, qu'il est possible d'en faire un tissu brillant et presque semblable à celui qu'on fait avec les fils de chanvre, de lin ou de soie. On file l'amiante, on en fait une toile que l'on jette au feu sans avoir la crainte qu'elle se consume. Ce qui paraît le plus extraordinaire, c'est que l'on blanchit cette toile par le feu. De sale et crasseuse qu'elle était, elle en sort pure et nette. Le feu consume les matières étrangères et combustibles dont elle est chargée, sans pouvoir l'altérer. Cependant toutes les fois qu'on la retire du feu, elle perd un peu de son poids. L'histoire moderne nous apprend que *Charles-Quint* avait plusieurs serviettes de ce *lin* minéral avec lesquelles il divertissait les princes et les seigneurs de sa cour, lorsqu'il les régalait. Il jetait au feu ces serviettes incombustibles et sales, et on les en retirait propres et entières. Il vient de l'amiante dans beaucoup d'endroits, mais particulièrement dans l'île de Corse, où l'on en trouve, dont les filets ont quelquefois jusqu'à six pouces de longueur. Ce sont les plus blancs, les plus brillans et les plus rares. On pourrait en faire assez facilement de la très-belle toile. On en fait aussi des mèches de lampe perpétuelles, et les païens s'en servaient dans leurs lampes sépulcrales.

L'art de filer l'amiante, connu ja- dis des anciens orientaux, a été de- puis long-temps ignoré, et même on ne sait plus à présent en faire de belles toiles; peut-être aussi cette matière est-elle devenue plus rare. Lorsque l'amiante est préparé, on le divise avec les doigts, et on le met entre des cordes très-fines. On parvient à en retirer très-doucement quelques fila- mens que l'on mêle avec du coton, de la laine ou de la filasse de lin, en ayant soin d'y faire entrer plus d'a- miante que d'autres matières, afin que le fil puisse se soutenir. Dès qu'on a fait la toile, on la jette au feu pour faire brûler la laine ou le coton, et il ne reste plus qu'un tissu tout entier d'amiante.

Mais tout ce qu'on fabrique dans ce genre actuellement, est plus de curiosité que de service ; car on aime à multiplier le soin de les salir, pour se procurer l'amusement de les blanchir au feu.

— J'avoue, dit Gustave, que je ne doutais guère de tout le plaisir qu'on pouvait trouver à entendre parler d'histoire naturelle, et je sens un vif désir de m'instruire à fond sur tous ces objets si curieux dont mon papa veut bien nous entretenir. — Tel est, mon ami, l'attrait que les savans éprouvent à s'enrichir de toutes les connaissances que les sciences procurent.

Mais après avoir admiré une partie des dons que le Créateur nous a accordés, je crois que ceux qui exciteront le plus vivement votre reconnaissance, seront ceux qui nous procurent des jouis-sances si multipliées, des sensations si vives, en un mot les *sens*. Ce sera le sujet de notre premier entretien, car je vois avec plaisir que, loin d'être ennuyés, comme je le craignais, du genre un peu sérieux de nos conver-sations, vous êtes les premiers à les provoquer. Remarquez que depuis que nous avons entrepris cette étude, combien de plaisirs nouveaux se sont créés pour vous, ce qui vous était au-paravant complètement indifférent, vous offre chaque jour un nouveau degré d'intérêt, pas une fleur, pas un brin d'herbe, qui ne soit pour vous un objet d'attention ; et j'ai remarqué hier que Victor était en sentinelle auprès d'une fourmilière ; je suppose qu'il examinait, avec une curiosité qui me paraissait bien attentive, les travaux de ce petit insecte. — Oui, mon papa ; j'avais mis le matin une belle grenouille dans cette fourmilière, et j'écoutais ce que les fourmis en pouvaient faire. — Et qu'as-tu entendu ? — Qu'elles croquaient ma grenouille à qui mieux mieux. Lorsque j'ai pensé qu'elles avaient fini leur dissection, j'ai retiré le squelette, qui est bien blanc et parfaitement nettoyé. — Je n'ose t'accuser de barbarie, puisque c'est moi qui t'ai indiqué les talens anatomiques des fourmis. Mais évitons la pluie qui commence à tomber, en rentrant promptement à la maison.

CHAPITRE IV.

Ce fut sur une colline, et par le plus beau temps du monde, que M. de Lormeuil amena ses enfans jouir de l'entretien qu'il leur avait promis. Le soleil était si beau, la vapeur qui parfumait tous les environs, si embaumée ; le murmure d'un ruisseau limpide qui serpentait à travers un gazon émaillé de fleurs , si attrayant, que malgré soi on éprouvait un attrait invincible pour la méditation, et par l'instinct de la reconnaissance, on se sentait porté à élever sa pensée jusqu'à l'auteur de tant de merveilles, qui ne semblait dérober sa présence aux mortels, que pour ne les pas éblouir par un éclat qu'ils n'auraient pu supporter, et n'avoir établi entre lui et eux qu'une brillante tenture d'or, de pourpre et d'azur.

Après avoir contemplé pendant quelque temps en silence ce spectacle radieux, M. de Lormeuil ramena l'attention de ses enfans sur le sujet dont il s'était proposé de les entretenir.

La connaissance du corps humain, leur dit-il, et de ses différentes fonctions, est la plus intéressante de toutes celles qui fixent l'attention du philosophe éclairé, et de l'homme religieux qui ne peut s'empêcher de reconnaître le dieu qui a organisé d'une manière si admirable l'être à qui il voulait donner des rapports plus directs avec sa divinité. Sans m'appesantir sur des détails qui sont également précieux pour l'observateur éclairé, mais qui pourraient fatiguer votre intelligence, je vous ferai remarquer seulement que notre organisation est le chef-d'œuvre de la bonté et de la sagesse. Le vulgaire ne voit au dehors qu'une décoration simple et magnifique qui réunit l'élégance des contours à l'harmonie des proportions. Le philosophe admire au dedans les ressorts surprenans d'une mécanique vivante, animée par une intelligence secrète qui l'élève bien au-dessus de toutes les créatures qui n'ont que la *matière* pour base, puisque, au moyen de cette intelligence, l'homme *pense, raisonne, conçoit,* communique ses pensées ; qu'en un mot, il a une âme, et que cette âme est pour lui la source de toutes ses félicités actuelles, et de toutes ses espérances futures.

Mais ce principe qui distingue l'homme de la brute, l'élève jusqu'à son créateur, et devient le mobile de tous les grands sentimens qui en émanent, échapperait à la faiblesse de votre intelligence, si j'entreprenais de vous le définir actuellement ; je ne vous en parle donc, mes enfans, que pour vous faire sentir toute l'étendue de la reconnaissance que l'on doit au bienfaiteur qui nous a enrichis d'un tel trésor ; et je ne vous parlerai en détail que des *sens*, par le moyen desquels l'homme peut communiquer avec tout ce qui existe dans l'univers.

Les *sens* sont des machines particulières de la nature, disposées dans toutes les parties de l'économie animale, pour procurer à notre *âme* les diverses sensations qui nous sont nécessaires pour notre *être* et notre *bien-être* ; les *sens* nous avertissent de nos besoins, et veillent à notre conservation, au milieu des corps utiles ou nuisibles qui nous environnent ; c'est par eux que nous jouissons du monde où nous sommes placés ; ce sont ces organes qui établissent la communication qui est entre nous et presque tous les êtres de la nature ; ils sont au nombre de cinq, la *vue*, l'*ouïe*, l'*odorat*, le *goût* et le *toucher*.

C'est à ces principes de nos connaissances et de nos raisonnemens que nous devons notre principal mérite ; et ce mérite est proportionné à leur nombre et à leur perfection. Un plus grand nombre de sens, ou des sens plus parfaits nous eussent montré d'autres *êtres* qui nous sont inconnus, et d'autres modifications dans ceux mêmes que nous connaissons.

Le *toucher* est la sensation la plus générale ; on peut même ajouter qu'elle préside à toutes les autres sensations ; car nous pourrions bien ne *voir* et n'*entendre* que par une petite partie de notre corps ; mais il nous fallait du *sentiment* dans toutes les parties : sans cela, nous n'aurions été que des *automates* que l'on aurait montés et détruits sans que nous eussions pu nous en apercevoir. La Providence y a pourvu : partout où il y a des *nerfs* et de la *vie*, il y a aussi de cette espèce de *sentiment*. Le *toucher* est comme la base de toutes les autres sensations, car elles ne sont toutes véritablement que des espèces de *toucher*; c'est par lui seul que nous pouvons acquérir des connaissances complètes et réelles, puisque c'est lui qui rectifie tous les autres sens, dont les effets ne seraient que des illusions, si celui-ci ne nous apprenait à *juger*.

Cette sensation peut devenir si parfaite dans l'homme, qu'on l'a vu quelquefois remplacer la fonction de la *vue*; et il n'est pas rare de voir des aveugles distinguer, par la finesse du *toucher*, la couleur et les figures des cartes avec lesquelles ils jouaient. Un sculpteur devenu aveugle avait acquis une telle finesse de *tact*, qu'il lui suffisait de toucher une figure pour en faire une copie parfaitement ressemblante. Le *goût* n'est qu'une espèce de *toucher* et n'a pas pour objet les corps solides, mais seulement les sucs ou les liqueurs dont ces corps sont imprégnés, ou qui en ont été extraits;

ce sens si précieux, qui ajoute un *plaisir* à la satisfaction d'un *besoin*, réside dans la bouche, et la langue est son principal organe, qui nous fait distinguer la *saveur*; il paraît que la *faim*, la *soif* et la *saveur* sont trois effets du même organe pour qui la nature a varié ses richesses à l'infini, en lui prodiguant tout ce qui peut le flatter, par les plus délicieuses productions.

L'*odorat* paraît moins un sens particulier qu'une prolongation du *goût* avec lequel il a des rapports continuels; c'est sur la membrane qui tapisse les cavités du *nez*, que se fait la sensation des odeurs; aussi, les animaux ont l'odorat plus parfait, à raison de ce qu'ils ont les cornets du nez plus grands. Mais il y a une telle concordance entre le *goût* et l'*odorat*, que le plaisir que l'on trouve à satisfaire son appétit est d'autant plus grand que les mets qu'on mange ont une odeur savoureuse. Malgré que les hommes aient en général l'odorat moins fin que les animaux, il y a cependant des exceptions à cette règle, car, dans les *Antilles* (îles d'Amérique), il y a des *Nègres* qui, comme les chiens, suivent les hommes à la piste, et distinguent avec le nez la piste d'un Nègre avec celle d'un Européen.

Un garçon que ses parens avaient élevé dans une forêt, où ils s'étaient retirés pour éviter les horreurs de la guerre, et qui n'y vivait que de racines, avait *l'odorat* si fin qu'il distinguait au moyen de ce sens l'approche des ennemis, et en avertissait ses parens. La nature dévoile à tout le monde le secret d'ouvrir la bouche et de retenir son haleine pour mieux entendre ; mais ce serait en vain que l'air remué par les corps sonores et bruyans nous frapperait de toutes parts, si la structure de l'oreille, où réside le sens de *l'ouïe*, ne la rendait pas propre à recevoir ces sensations. *L'ouïe* est une faculté qui devient active par l'organe de la parole ; c'est par ce sens que nous vivons en sûreté, que nous pouvons nous communiquer nos idées, et que nous connaissons la pensée des autres. Quelle organisation merveilleuse dans ce sens ! quelle admirable harmonie dans les moindres rapports de la construction de l'*oreille* qui en est le canal ! on ne peut bien juger tout le plaisir qu'il nous procure, que quand on en est privé, ce qui arrive aux vieillards ; et l'on a remarqué qu'en général les *sourds* étaient plus tristes que les *aveugles*, parce que la *surdité* inspire un sentiment de défiance, en persuadant que tout ce qui se dit, et qu'on n'entend pas, est aux dépens de la personne qui est sourde.

C'est à ce *sens* que l'on doit le plaisir d'entendre l'expression des sentimens les plus touchans, d'apprécier les pensées ingénieuses, les saillies fines, qui font le sel de la conversation ; privés de cette ressource, les *sourds* regardent tristement, sans comprendre tout ce qui se dit autour d'eux.

Le mécanisme de la *vue* n'est pas moins admirable que celui de l'*ouïe*. L'*œil*, qui en est l'organe, se compose d'une multitude de parties, toutes combinées de la manière la plus ingénieuse. Cette partie, qui donne tant d'expression à la physionomie, parce qu'elle réfléchit comme dans un miroir tout ce qui se passe dans l'âme, est un prodige de combinaisons, dont les moindres ressorts sont faits pour

étonner. C'est dans sa *dissection* où
l'on peut voir que les *parties* concou-
rent au but essentiel du *tout*. Mais
que de reconnaissance ne devons-nous
pas à la *vue?* sans ce sens précieux,
toutes les merveilles du ciel et de la
terre, qui viennent, pour ainsi dire,
nous toucher nous-mêmes, n'existe-
raient pas pour nous; sans l'organe de
l'*œil*, nous ne connaîtrions l'approche
des corps que quand nous serions
frappés ou terrassés par eux ; sans
lui, nous ne pourrions établir ces rapports qui intéressent si fort le cœur,
entre les traits et les sentimens des
personnes que nous aimons. La *vue*
est, pour ainsi dire, une seconde existence, puisqu'elle nous fait jouir de

tout ce que nous pouvons admirer,
de tout ce qui nous paraît aimable.
Un Anglais, à qui la nature avait refusé cette faculté précieuse, l'ayant
recouvrée par le secours des *oculistes*,
en fut si vivement ému que, lorsqu'il
aperçut l'éclat des rayons du soleil,
et qu'il jouit de l'aspect des objets
qui l'environnaient, ce spectacle, si
nouveau pour lui et si inopiné, lui
causa un tel excès de joie, qu'il le fit
tomber dans un évanouissement com-
plet. En effet, quelle merveille étonnante que, sur un espace de sept lignes d'étendue, tel que l'œil, il puisse
se réfléchir avec fidélité un espace
de sept lieues, lorsque, monté sur une
montagne, on regarde, dans un beau

jour d'été, un grand horizon ! Cepen- dant, les villes, les vastes plaines, les forêts , tout s'y peint distinctement. Que de lois merveilleuses réunies se combinent ensemble, tendent toutes au même but ! Si une seule de ces lois venait à être interrompue, tous les êtres animés retomberaient dans les ténèbres éternelles ; tout dans la nature porte l'empreinte de la main divine qui a tout créé.

Mon papa, dit Gustave, pourquoi y a-t-il quatre sens dans la tête ? — Remarque , mon ami, que tout est ap- proprié à leur destination , et que, comme c'est le cerveau que l'on re- garde comme le siége de la pensée, tous les moyens de *sensations* qui souvent nous font naître des idées, devaient être rapprochés du cerveau; il n'y a que le *toucher* qui, résidant dans le tissu de la peau, qui se compose d'une multitude de petits nerfs, ou les recouvre, existe dans toutes les parties du corps.

A mon tour, dit Victor d'un petit air satisfait ; vous nous avez dit, mon papa, de bien belles choses, mais il y en a beaucoup que vous avez passées sous silence. — Je n'en disconviens pas ; mais pourrais-tu, mon cher petit docteur, me remettre sur la voie de ce que j'ai oublié ? — Par exemple, mon papa, vous ne nous avez parlé ni des *nains* ni des *géans*. — C'est que les hommes qui dépassent ou qui n'attei-

gnent pas les lois ordinaires de la nature ne peuvent former que des *exceptions*, et non une classe d'indivi-
dus. — Cependant il y a eu des géans?
— Dans tous les temps on a fait des
contes pour exciter la curiosité, parce
que tout ce qui est merveilleux a toujours de grands droits à la crédulité;
mais le prétendu peuple de *géans* sur
lequel on a débité tant de fables,
n'existe que dans l'imagination des
amateurs du merveilleux. Les *Patagons*, qui sont les hommes reconnus
pour les plus grands qui existent,
n'excèdent pas six pieds et demi; et
sans aller si loin chercher des mo-
dèles à citer, il suffit d'assister à une
revue du roi de Prusse, pour rencon-

trer parmi ses gardes des hommes de cette taille. Quant aux *nains*, c'est, comme je vous le disais, une *exception* dans les lois habituelles de la nature. Si les *Patagons* peuvent passer pour les habitans du globe qui ont la taille la plus élevée, les *Lapons* peuvent passer pour les plus petits, puisque rarement ils atteignent cinq pieds. Mais, il se rencontre souvent dans les pays d'Europe de pareilles exceptions, sans qu'on puisse les traiter de prodiges ; les *nains* véritables sont ceux qui restent toute leur vie de la taille d'un enfant de quatre ou cinq ans : mais la preuve qu'ils sont très-rares, c'est qu'on en alimente la curiosité publique.

Il y a encore quelque chose dont vous ne nous avez rien dit, mon papa. Ce sont ces énormes poissons, qu'on appelle *baleines*. — Je te remercie de me rappeler ainsi des omissions importantes, et puisque ta mémoire est plus exacte que la mienne, je vais vous parler, mes enfans, de cet habitant monstrueux des mers.

On pourrait appeler la *baleine* un *faux poisson*, puisqu'elle se distingue d'une manière très-marquée de tous les vrais poissons de mer ; elle n'en porte en effet que la figure, quant au dehors ; par sa structure intérieure, elle ressemble aux animaux quadrupèdes.

Les *baleines* respirent au moyen des *poumons*, et c'est pour cette raison qu'elles ne peuvent rester sous l'eau ; elles sont *vivipares* ; ont du lait, et leurs petits les tettent. Tous les animaux du genre des baleines ont sur la tête une ou deux ouvertures, par où ils rejettent, en forme de jet, l'eau qu'ils ont avalée.

La nature les a pourvues de nageoires d'une force proportionnée à leur masse : au lieu d'être comme celles des autres poissons, les baleines ont, à leur place, des os articulés, figurés comme ceux de la main et des doigts de l'homme, et qui sont mis en mouvement par des muscles vigoureux. Tout le genre de ces animaux de mer a, en outre de ces vigoureuses nageoires, une queue large et épaisse, qui lui a été donnée pour diriger sa course et modérer ses mouvemens , afin que l'énorme masse de son corps ne se brisât pas contre les rochers, lorsqu'elle veut plonger. La nature a construit ces masses organisées de manière qu'elles peuvent s'élever à la surface des eaux, ou s'enfoncer dans leur profondeur à volonté. Du fond de leur gueule part un gros intestin fort épais, si long et si large, qu'un homme y passerait tout entier. Cet intestin est un grand magasin d'air que ce *cétacée* porte avec lui, et par le moyen duquel il se rend à son gré plus léger ou plus pesant, suivant qu'il l'ouvre ou qu'il le comprime pour augmenter ou diminuer la quantité d'air qu'il contient.

Qu'est-ce qu'un cétacée, demanda Victor? — On appelle ainsi les animaux d'une grandeur démesurée, mais surtout les animaux de mer, qui font leurs petits vivans. Ils nagent en haute mer et lentement; ils n'en sortent jamais d'eux-mêmes et sans risque de leur vie. Les *cétacées* ont le corps nu, allongé, des nageoires charnues; ces animaux vivent très-long-temps, et leur existence est plus prolongée que celle des *quadrupèdes*; on a des raisons de croire que plusieurs espèces vivent au-delà de cent ans. Mais revenons à nos baleines.

La couche énorme de graisse qui

les enveloppe allège beaucoup la masse de leur corps, qui aurait été trop pesante pour être mise en mouvement. D'ailleurs cette enveloppe de graisse tient l'eau à une distance convenable du sang, qui, sans cela, pourrait se refroidir. Quelques espèces de baleines ont des dents, d'autres n'en ont point ; on ne peut rien dire de bien certain sur leur grandeur ; on en a vu qui avaient jusqu'à deux cents pieds de longueur : aussi les a-t-on comparées à des *écueils* ou à des îles flottantes.

On assure que les premières baleines pêchées dans le nord étaient beaucoup plus grandes que celles qu'on y pêche à présent, parce qu'elles étaient plus vieilles.

La baleine du *Groënland*, dont on retire tant de profit, et pour laquelle se font toutes les expéditions de pêche, est très-grosse et très-massive ; sa tête seule fait un tiers de sa masse ; elle va quelquefois jusqu'à soixante-dix pieds de long. On ne peut voir sans étonnement cette masse énorme et pesante fendre les flots de la mer avec sa queue qui lui sert de rame, et dont elle se sert avec une vîtesse surprenante ; elle donne quelquefois des coups terribles avec cette queue qui est capable de submerger un navire. La peau de la baleine est de l'épaisseur d'un doigt, et recouvre immédiatement la graisse qui a huit ou dix pouces d'épaisseur ; elle est d'un beau jaune lorsque l'animal se porte bien. La chair qu'on trouve dans la graisse est rouge ; la langue de ce *faux poisson* n'est absolument qu'un monceau de graisse dont on peut remplir plusieurs tonneaux.

De toutes les pêches qui se font dans l'océan, celle de la baleine est sans contredit la plus avantageuse, mais elle est aussi la plus difficile et la plus périlleuse ; comme c'est toujours dans les mers du nord, et souvent sous les glaces qu'elle se tient, il faut braver bien des dangers avant de l'atteindre.

C'est dans le détroit de *Davis* que la vraie baleine se trouve en abondance dans les mois de février et de mars.

Toutes les nations ayant reconnu les avantages de cette pêche, envoient des expéditions maritimes pour l'entreprendre, qui emploient un grand nombre de matelots. Voici comment se fait la pêche de ce monstrueux *cétacée*.

Lorsqu'un bâtiment est arrivé dans le lieu où se fait le passage des baleines, un matelot, placé au haut d'un mât, avertit aussitôt qu'il voit une baleine : les chaloupes partent à l'instant. Le plus hardi et le plus vigoureux pêcheur, armé d'un harpon de cinq ou six pieds de long, se place sur le devant de la chaloupe, et lance avec adresse le harpon sur l'endroit le plus sensible de l'animal; le *harponneur* court de grands risques ; car la baleine, après avoir été blessée, donne de furieux coups de queue et de nageoires qui tuent souvent le harponneur et renversent la chaloupe.

Lorsque le harpon a bien pris, on file bien vite la corde à laquelle il tient, et la chaloupe suit. Lorsque la baleine revient sur l'eau pour respirer, on tâche d'achever de la tuer, en évitant avec grand soin sa queue et ses nageoires. Le bâtiment, toujours à la voile, suit de près, afin d'être à même de mettre à bord la baleine harponnée ; lorsqu'elle est morte, on l'attache aux côtés du bâtiment avec des chaînes de fer ; aussitôt les charpentiers se mettent dessus avec des bottes armées de crampons de fer aux semelles, dans la crainte de glisser ; ils enlèvent le lard de la baleine suspendue, et on le porte à l'instant dans le navire, où on le fait fondre. Une baleine donne un plus grand nombre de barriques d'huile, à raison de sa grandeur et de son embonpoint. Lorsqu'on a tourné et retourné l'animal pour en enlever la graisse, on retire les *barbes* ou *fanons* qui sont cachés dans la gueule. L'*huile* et les *fanons* sont les grands produits que l'on retire de la baleine. La première sert à brûler dans les lampes, à faire le savon du nord, à la préparation des laines de drapier, aux corroyeurs pour adoucir les cuirs, aux peintres pour délayer les couleurs, aux marins pour graisser le *bras* qui sert à enduire les vaisseaux, aux architectes et aux sculpteurs pour faire une espèce de mastic qui garantit la pierre des impressions de l'air et des injures du temps. Les *fanons* sont la matière avec laquelle on travaille une infinité de choses, telles que les *parapluies*, les *busques*, les *corsets*, et mille autres ouvrages...

La chair de la baleine est très-difficile à digérer ; cependant elle sert d'aliment aux estomacs robustes des habitans des contrées qu'elle fréquente.

La *baleine* a un cruel ennemi dans un autre poisson appelé *espadon*, ou poisson à *scie*, nom donné à cet animal à cause de l'*épée dentelée* en *scie* qu'il porte en avant au bout antérieur de sa tête. Cette épée ressemble à un peigne double.

L'*espadon*, qui est une espèce de petite baleine, a neuf ou dix pieds de longueur ; sa *scie* est longue d'une aune au moins, très-dure et très-forte. Il poursuit la baleine partout où il la trouve ; c'est un spectacle curieux que de voir le combat qu'il lui livre, et qui se passe au sein de la mer. La baleine, qui n'a que sa queue pour défense, tâche d'en frapper son ennemi ; si elle l'attrape, elle l'écrase d'un seul coup ; mais l'*espadon*, plus agile, évite ordinairement le coup mortel ; à l'instant il bondit en l'air, retombe sur son ennemie, et tâche, non pas de la percer, mais de la *scier* avec les dents dont son épée est armée.

On voit en cet endroit la mer teinte du sang qui sort à gros bouillons des blessures de la baleine ; elle entre dans une telle fureur, que les coups qu'elle frappe sur l'eau, font un fracas épouvantable qui fait frémir les voyageurs.

Les mers du nord ne sont pas les seules où l'on trouve des baleines ; on en voit aussi dans la mer des Indes, au cap de Bonne-Espérance ; et c'est ici le cas de remarquer avec étonnement quelle est la force de l'homme *sauvage* privé de toutes les ressources que l'industrie de l'homme *civilisé* a imaginées et bornées aux seules forces de la nature.

Lorsque les sauvages d'Amérique aperçoivent une baleine, ils se jettent à la nage, vont droit à elle, ont l'adresse de se jeter sur son cou, en évitant ses nageoires et sa queue. Lorsque la baleine a lancé son premier jet d'eau, le sauvage prévient le second, en mettant un tampon de bois dans un des naseaux de la baleine ; il l'enfonce à coups de massue ; l'animal plonge aussitôt, et entraîne le sauvage qui le tient fortement embrassé ; la baleine, qui a besoin de respirer, remonte sur l'eau, et donne le temps à son adversaire de lui enfoncer un second tampon dans l'autre naseau ; ce qui l'oblige à se replonger dans le fond de la mer, où elle s'étouffe, faute de pouvoir évacuer ses eaux et respirer.

Pour vous faire connaître les deux extrêmes des habitans des eaux, après vous avoir parlé de la monstrueuse baleine, je vais vous dire deux mots de l'*ablette*, qui, je crois, est le plus petit des poissons, car il n'est pas plus grand que le doigt et se trouve dans les rivières. Ses écailles sont d'une blancheur vive et argentine ; l'industrie a trouvé moyen de tirer parti de ces écailles en les faisant concourir à la parure des dames, sous la forme de *perles* très-bien imitées.

En comparant toutes les espèces de poissons qui forment des degrés, depuis l'*ablette* jusqu'à la *baleine*, vous devez concevoir, mes enfans, quel nombre d'espèces il existe dans les mers et les rivières ! Il en est de même pour les quadrupèdes, car, depuis la fourmi jusqu'à l'éléphant, l'échelle est immense.

Papa, dit Victor, est-ce que parmi les oiseaux, les mêmes nuances n'existent pas ? L'*aigle*, mon ami, est le plus grand des oiseaux ; on lui accorde même le titre de *roi des oiseaux*. Il possède à un degré éminent les qualités qui lui sont communes avec les autres oiseaux de proie : comme la vue perçante, la voracité, la férocité, la force du bec et des serres. Il y a plusieurs espèces d'aigles ; mais le plus remarquable est celui qu'on appelle *aigle doré*. La femelle a trois pieds et demi de longueur, depuis le bout du bec jusqu'à l'extrémité des pieds ; et lorsque ses aîles sont étendues, elle a jusqu'à dix-huit pieds d'*envergure* ; elle pèse jusqu'à dix-huit livres ; le mâle est plus petit et ne pèse que douze livres ; tous deux ont le bec très-fort, recourbé dans toute sa longueur, mais plus crochu à l'extrémité, et assez semblable à de la corne bleuâtre ; ses ongles noirs et pointus, dont le plus grand, qui est celui de derrière, a jusqu'à cinq pouces de longueur ; ses yeux sont très-grands, mais paraissent enfoncés dans une cavité profonde, que la partie supérieure de l'orbite couvre comme un toît avancé. La nature, outre les deux paupières, l'a doué, ainsi que plusieurs autres oiseaux, d'une tunique clignotante qui a l'effet de deux autres paupières. L'*iris* de l'œil est d'un beau jaune clair, et brille d'un éclat très-vif; son bec et ses ongles crochus le rendent formidable; sa figure répond à son naturel; indépendamment de ses armes, il a un corps robuste et compact; les jambes et les aîles très-fortes; les os fermes, la chair dure, les plumes rudes, l'attitude fière et droite, les mouvemens brusques, le vol très-rapide. Ce grand aigle a beaucoup de rapports avec le caractère du *lion :* comme lui, il semble avoir acquis l'empire sur les oiseaux, comme le *lion* l'a sur les *quadrupèdes*; il a la magnanimité en partage, et dédaigne également les petits animaux dont il méprise les insultes ; ce n'est qu'après avoir été long-temps provoqué par les cris importuns et souvent réitérés de la *pie* et de la *corneille*, que l'aigle se détermine à en faire sa proie ; d'ailleurs, il ne veut d'autre bien que celui dont il fait la conquête ; il ne mange jamais d'autre proie que celle qu'il prend lui-même ; il donne l'exemple de la tempérance, et ne mange presque jamais son gibier en entier, et comme le lion, il laisse les débris aux autres animaux. Quelque affamé qu'il soit, il ne se jette jamais sur les cadavres ou les charognes, il lui faut de la chair fraîche ; il est encore solitaire comme le *lion*, habitant d'un désert dont il défend l'entrée et l'usage de la chasse à tous les autres oiseaux, car il est peut-être plus rare de voir deux paires d'aigles dans le même canton ou la même portion de montagne, que deux familles de lion dans la même partie de forêt. Ils se tiennent assez loin les uns des autres, pour que l'espace qu'ils se sont départi leur fournisse amplement leur subsistance. Ils ne comptent l'étendue et la valeur de leur royaume que par le produit de la chasse ; l'aigle a aussi les yeux étincelans, et à peu près de la même couleur que ceux du lion, les ongles de la même forme, l'haleine toute aussi forte, le cri également effrayant ; nés tous deux pour les combats et la proie, ils sont tous deux ennemis de toute société ; également féroces, également fiers et difficiles à réduire, on ne peut les apprivoiser qu'en les prenant tout petits.

C'est de tous les oiseaux celui qui s'élève le plus haut, aussi les anciens l'ont-ils appelé *l'oiseau céleste*, et le regardaient dans les augures comme le messager de *Jupiter*. C'était un aigle qui servait d'enseigne aux légions romaines.

Pour suivre la même comparaison que nous avons faite entre les autres animaux, nous allons dire quelques mots du plus petit des oiseaux, le *co-libri*; ; il est le chef-d'œuvre en miniature de la création, tant pour sa beauté, sa forme et la variété de ses couleurs, que pour sa manière de vivre et la petitesse de sa taille. On le trouve fort communément dans plusieurs contrées d'Amérique, ainsi qu'aux Indes orientales. Il s'en trouve de si petits, qu'on leur donne le nom d'*oiseaux-mouches*. Il y a des espèces de *colibri* qui réunissent sur leur plumage toutes les couleurs des pierres précieuses. Ces oiseaux, même desséchés, font un ornement si brillant, que les femmes du pays les suspendent à leurs oreilles de la même façon que les dames d'Europe placent les diamans ; leurs plumes sont si belles , qu'on les emploie à faire des tapisseries et même des tableaux.

Parmi les oiseaux-mouches, on distingue l'espèce à gorge de topaze , celui à gorge tachetée , à ventre blanc , à poitrine bleue , à gorge de rubis ; l'espèce dont la huppe est composée de très-belles plumes disposées en couronne, offre un oiseau charmant.

Le bec de cet oiseau n'est guère plus gros qu'une aiguille , et cependant il le rend redoutable à de gros oiseaux nommés *gros-bec* , qui cherchent à surprendre dans leur nid les petits du *colibri*. Les yeux de l'*oiseau-mouche* sont petits et noirs. Cet oiseau vole avec tant de rapidité, qu'on l'entend plus tôt qu'on ne le voit. Il se soutient long-temps en l'air en bourdonnant, et paraît y rester immobile. Il ne se nourrit que du suc des fleurs, rarement il s'y repose, il voltige autour comme le papillon, et suce le suc du nectar avec sa langue longue, fine et déliée, qui ressemble à deux brins de soie rouge. On dit qu'après la saison des fleurs, cet oiseau reste engourdi, et dans une espèce de léthargie ; mais à *Surinam* et à la *Jamaïque*, où il y a des fleurs toute l'année, on ne cesse pas de voir ces oiseaux, et en très-grande quantité. Quand ils volent, ce sont comme autant d'arcs-en-ciel mouvans, nuancés des plus riches couleurs. Ces oiseaux font de petits nids d'une forme élégante, qu'ils garnissent de coton ou de soie très-douce, avec une propreté et une délicatesse merveilleuses. Le colibri aime de préférence le voisinage des citronniers ; c'est sur leurs branches qu'il place son petit nid avec une adresse singulière. La seule façon de prendre ce petit animal, est de lui jeter un peu de sable pour l'étourdir, ou de lui présenter une baguette frottée de glu ou de gomme ; quand on veut le conserver après sa mort, on lui enfonce dans le fondement un petit brin de bois, on le tourne pour attacher les intestins, on pend l'oiseau par le bec, et on le fait sécher.

Un *missionnaire* ayant pris un nid

de ces oiseaux, le mit dans une cage à la fenêtre, et l'amour paternel surmontant toutes les craintes, le père et la mère apportaient à manger à leurs petits ; ils s'apprivoisèrent même tellement, qu'ils ne sortaient plus de la chambre, où, sans contrainte, ils venaient manger et dormir avec leurs petits. Ce religieux les nourrissait avec une pâte qu'il faisait avec des biscuits, du vin d'Espagne et du sucre : ces petits oiseaux passaient leur langue sur cette pâte, et quand ils étaient rassasiés, ils voltigeaient et chantaient ; leur chant est une espèce de bourdonnement fort agréable, clair, faible, et proportionné à l'organe qui le produit.

Oh dieu! s'écria Auguste, que de merveilles en grandes et petites choses! — Vous voyez, mes enfans, qu'il faudrait être bien ingrat et bien insensé pour méconnaître la main divine qui a créé tant de prodiges. — Sans doute, puisque tout ce que peuvent faire les hommes de plus parfait, c'est d'approcher des chefs-d'œuvre la nature. — Nous venons de parcourir une faible partie des productions qui enrichissent la terre; mais que de merveilles ne nous reste-t-il pas à admirer dans le ciel? — Mais, mon papa, qu'est-ce donc que l'on nomme véritablement le *ciel?* — C'est cette région immense dans laquelle les *astres,* les *étoiles,* les *planètes,* se meuvent avec cette harmonie, cet ordre admirable qui leur est imprimé par une main divine.

On divise ce monde céleste en *ciel* proprement dit, qui contient le *firmament*, où sont les étoiles ; et en *cieux*, des *planètes* qui sont au-dessus des *étoiles*.

C'est dans cette voûte magnifique que s'accomplissent tous les mystères que l'astronomie a cherché à pénétrer. Dès la naissance du monde, le ciel fut l'objet de la contemplation des hommes : ses corps les plus sensibles furent les plus remarqués ; de là vient que la *lune*, par ses fréquentes révolutions et la diversité de ses *phases*, fut le premier *astre* dont ils se servirent pour diviser le temps.

Les *astres*, ces corps lumineux par eux-mêmes, comme le soleil et les étoiles fixes, enrichissent la voûte céleste. L'étude qui vous en apprendra la marche, sera pour vous d'un grand intérêt, mes enfans, lorsque votre intelligence sera assez développée pour la comprendre ; au moyen d'une *sphère céleste*, vous pourrez classer dans votre mémoire leurs noms, leur position et leur cours. L'astronomie a tiré un grand parti de la position des étoiles, pour guider les marins pendant leur navigation. Il semble qu'en admirant les corps célestes, on se rapproche davantage de la Divinité. Le soleil surtout, cet astre magnifique, est tellement empreint de la puissance divine, que dans beaucoup de contrées, les hommes l'ont pris pour la Divinité même, et lui ont adressé leurs adorations. Quoi de plus admirable en effet que ce globe lumineux qui éclaire la terre, et dont les rayons sont trop éclatans pour que l'œil puisse les fixer? quoi de plus doux et de plus mélancolique, et qui inspire un sentiment paisible et en même temps religieux, que la clarté de la lune? quoi de plus surprenant que la régularité de son cours? l'influence directe qu'elle a sur les plantes, sur les animaux, et sur l'organisation de l'homme? Quelle merveille sans cesse renaissante dans cette alternative continuelle de jours et de nuits ! quel ordre établi dans le renouvellement des saisons, et dans l'œvure immense de la création ! A force d'avoir des sujets d'*admirer*, on a peine à comprendre ; cependant un sentiment intime nous dit que ce que le Créateur a voulu dérober à notre connaissance, n'en mérite pas moins notre tribut d'hommages. Après des études approfondies, les hommes ont établi des systèmes sur toutes les choses que leurs connaissances ne pouvaient pas atteindre ; et la preuve que ce qui paraît prouvé actuellement est peut-être encore bien douteux, c'est que les systèmes qui paraissaient les mieux établis il y a cinq ou six cents ans, se sont écroulés devant des découvertes plus modernes ; et peut-être que celles sur lesquelles sont basées les opinions actuelles , s'écrouleront à leur tour sous le poids des connaissances que l'on pourra acquérir. Mais il n'en est pas moins intéressant de poursuivre avec courage et constance la découverte de la vérité , puisque les sciences doivent en retirer nécessairement un avantage bien grand.

— Ah ! dit Gustave, il me semble que, depuis que mon papa nous a expliqué toutes ces belles choses, j'aime encore mieux le bon Dieu. — C'est assez naturel, mon ami ; car plus on connaît l'étendue du bienfait, plus on doit aimer le bienfaiteur ; et à cette occasion , je vais vous raconter une petite histoire qui vous prouvera que le sentiment que vous éprouvez est bien fondé en raison.

— Bon, voici une histoire , dit Victor en sautant de joie, j'en suis bien charmé ; car malgré que tout ce que nous a dit mon papa soit bien beau , je commençais à me perdre dans les nuages , et une histoire me ramènera aux choses de la terre , aussi je suis tout attention.

Il y avait à Paris deux jeunes gens, nommés Thibaut et Eugène, qui étaient amis depuis l'enfance ; leurs parens étaient très-liés, et se voyaient si souvent, qu'ils ne faisaient pour ainsi dire qu'une même famille. Ces parens , qui, sous beaucoup de rapports, soignaient l'éducation de leurs enfans, la négligeaient sur un point bien essentiel ; ils étaient absolument ignorans sur les devoirs de la religion et la reconnaissance qu'ils devaient à Dieu ; de sorte qu'à douze ans (car ils étaient du même âge), à peine savaient-ils que ce grand univers était l'ouvrage d'un être parfait à qui tous les hommes doivent le tribut de leurs adorations. Ils avaient la même ignorance dans tout ce qui touche aux merveilles de la création ; et ils n'auraient pas su distinguer un champ de *blé* d'un champ de *houblon*; leurs idées mêmes étaient si rétrécies à cet égard, que Thibaut répondit un jour à quelqu'un qui parlait d'agriculture, que les gens qui séparaient le blé d'avec le seigle et l'avoine, avaient bien de la patience d'éplucher toutes ces graines grain à grain, car il n'avait pas la moindre idée de la manière dont le *froment* se sème et se récolte ; en revanche, il savait assez bien danser la gavotte.

Les deux amis furent ensemble à la campagne ; et comme ils étaient fort raisonnables, et que leurs parens leur accordaient beaucoup de liberté, dont ils n'abusaient jamais, on leur permit un jour de faire une promenade assez éloignée, qu'ils avaient paru désirer vivement. Entraînés par la sérénité du temps et la beauté des paysages qu'ils parcouraient, ils furent si loin qu'ils s'égarèrent, et que leur retour leur parut impossible ; car plus ils parcouraient de chemin et moins ils rencontraient le véritable ; la faim commençait à les gagner, et ils étaient réellement inquiets, lorsqu'ils rencontrèrent un paysan à qui ils demandèrent la route pour retourner chez eux ; mais ils en étaient à plus de quatre lieues, et il n'y avait guère d'apparence qu'ils pussent faire autant de chemin, harassés comme ils l'étaient et mourant de faim. Le paysan leur conseilla donc de marcher pendant encore une demi-heure, parce qu'ils trouveraient alors un village dont le curé était très-hospitalier, et ils suivirent cet avis.

Ils trouvèrent effectivement un pas-

......Le Curé s'empressa de les faire rafraîchir.....

teur vénérable dont la physionomie inspirait à la fois le respect et la confiance ; et les jeunes gens l'ayant abordé poliment, lui racontèrent l'embarras où ils se trouvaient. Le curé s'empressa de les faire rafraîchir, et leur observa qu'ils auraient pu juger par une opération bien simple de l'heure qu'il était, ainsi que de la hauteur du soleil, qu'avec une paille le moindre paysan savait trouver au moyen de l'ombre l'heure qu'il était. Comme ils parcoururent la maison, que le curé leur fit voir avec beaucoup de complaisance, *Eugène* remarqua une volière où plusieurs oiseaux avaient établi leurs nids, dont il admira la construction, ainsi que les soins attentifs avec lesquels

la mère donnait à manger à ses petits ;
mais le curé ne put s'empêcher de
sourire lorsque Thibaut lui demanda
pourquoi ces petits oiseaux ne têtaient
pas leur mère. Il fallut bien lui expli-
quer alors des choses qui lui étaient
tout-à-fait étrangères, telles que la
différence qui existe entre les *bipèdes*
et les *quadrupèdes*, les *vivipares* et
les *ovipares*. Le curé possédait dans
sa bibliothèque une très-belle édition
des OEuvres de M. de Buffon avec des
gravures, et il amusa beaucoup ses
jeunes hôtes en les leur montrant.
Comme il était trop tard pour s'en retourner chez eux, le pasteur eut l'attention d'envoyer un exprès à leurs
parens pour qu'ils ne fussent pas in-

quiets ; et pour leur faire passer plus agréablement la soirée, il les mena sur un point assez élevé, d'où l'on pouvait contempler à l'aise le magnifique spectacle du soleil couchant. Thibaut convint que rien n'était plus imposant, et s'étonna d'avoir été jusqu'à ce jour sans avoir remarqué une merveille qu'il aurait pu admirer chaque jour. Ce sujet de conversation amena tout naturellement l'entretien sur les phénomènes que présente la nature ; et comme le curé crut apercevoir une *aurore boréale*, il leur proposa de l'observer avec lui.

Une *aurore boréale* est une espèce de nuée rare, transparente, lumineuse, qui paraît de temps en temps la nuit du côté du nord ; elle a la forme d'une partie de cercle qui offre à la vue des variétés infinies : on en voit sortir d'abord des arcs lumineux, puis des jets et des rayons de lumière. Lorsque ce phénomène est dans sa plus grande magnificence, une espèce de couronne lumineuse se forme vers le *zénith*. Les *aurores boréales* ne sont, dans nos contrées, que des spectacles qui attirent l'attention de la philosophie et de la curiosité ; mais pour les peuples voisins des pôles elles sont un dédommagement de l'absence du soleil. Lorsque cet astre les a quittées, la terre est horrible dans ces climats ; mais le ciel présente alors un charmant spectacle. Un savant raconte qu'il a vu dans ces pays des nuits qui auraient fait oublier l'éclat du plus beau jour ; des feux de mille couleurs éclairent le ciel : ces lumières prennent différentes formes et ont différens mouvemens ; le plus ordinairement elles ressemblent à des drapeaux que l'on ferait voltiger dans l'air ; et par les nuances des couleurs dont elles sont teintes, on les prendrait pour des bandes de ces taffetas que nous appelons flambés ; quelquefois elles tapissent certains endroits du ciel en écarlate, couleur que l'on craint beaucoup dans le pays, comme étant le signe de quelque grand malheur ; enfin, quand on voit ces phénomènes, on ne peut s'étonner que ceux qui les regardent avec les yeux de la crédulité y voient des chars enflammés, des armées combattantes, et mille autres prodiges qui ont pu donner aux poètes l'idée de l'Olympe. L'aurore boréale ne paraît que deux ou trois heures après le coucher du soleil; elle se montre plus volontiers du mois de décembre au mois de juillet, que dans les autres temps de l'année.

Eugène et Thibaut ne pouvaient se lasser d'admirer ce superbe *météore*; et le curé profita de leur surprise pour leur donner un aperçu des phénomènes célestes dont ils n'avaient pas la moindre notion; et dans l'enthousiasme que lui causait cette magnificence, dont le vulgaire jouit sans l'admirer, il adressa au Créateur une prière si fervente, qu'elle dirigea la pensée des jeunes gens tout naturellement à offrir aussi leur hommage à l'ouvrier puissant qui avait créé tant de merveilles.

Penser à *Dieu*, c'est l'*aimer* ; car la réflexion ne peut qu'exalter le sentiment de reconnaissance que nous lui devons ; aussi les jeunes gens se sentirent vivement émus ; et lorsque le curé, entrant avec complaisance dans les détails de tout ce qu'ils ignoraient, ouvrit un univers nouveau à leur intelligence, ils furent saisis d'admiration ; et tombant spontanément à genoux, ils rendirent avec ferveur à l'auteur de toutes choses les premières actions de grâces peut-être qu'ils lui eussent jamais adressées avec un senti-

ment réfléchi. Il y a une telle concordance entre les bienfaits du Créateur et
les devoirs que sa morale nous impose,
qu'il est impossible de ne pas éprouver
un sentiment religieux et qui nous
porte à l'adoration lorsque nous dé-
couvrons l'immensité des trésors dont
la puissance divine nous a enrichis.
Aussi Eugène et Thibaut écoutaient-
ils avidement des vérités qu'ils enten-
daient pour la première fois. Lorsqu'ils
rentrèrent pour prendre du repos, le
curé leur proposa de s'unir à lui pour
faire la prière du soir en commun;
car, ajouta-t-il avec douceur, n'est-il
pas juste de rendre grâces à notre père
commun de tous les biens dont il nous
a comblés? Les jeunes gens en convin-

nt, et prièrent avec une pieuse fer-
ur.

Le lendemain, le curé reprit la
nversation de la veille, et sut lui
nner un tel degré d'intérêt, que
hibaut le supplia de leur permettre
e venir souvent le visiter; il y con-
ntit avec sa bonté habituelle, et
romit même d'aller dans quelques
urs faire une visite aux parens des
unes gens.

En s'en retournant, les deux amis
entretinrent du charme que l'on
rouve à apprendre ce que l'on ignore.
eur curiosité était vivement excitée,
t ils brûlaient du désir de la satisfaire.
Malgré l'exprès que le curé avait en-
oyé, les deux familles étaient dans

rent, et prièrent avec une pieuse ferveur.

Le lendemain, le curé reprit la conversation de la veille, et sut lui donner un tel degré d'intérêt, que Thibaut le supplia de leur permettre de venir souvent le visiter ; il y consentit avec sa bonté habituelle, et promit même d'aller dans quelques jours faire une visite aux parens des jeunes gens.

En s'en retournant, les deux amis s'entretinrent du charme que l'on trouve à apprendre ce que l'on ignore. Leur curiosité était vivement excitée, et ils brûlaient du désir de la satisfaire. Malgré l'exprès que le curé avait envoyé, les deux familles étaient dans la plus vive inquiétude ; elle fut bientôt dissipée, en voyant les petits voyageurs gais, bien portans, et enchantés de l'heureuse découverte qu'ils avaient faite. Ils montrèrent un si vif désir de s'instruire, que leurs parens ne purent se refuser à leur en procurer les moyens, et en moins de six mois, ils n'eurent plus à rougir d'une ignorance qui leur faisait faire souvent les bévues les plus ridicules ; mais un fruit non moins important qu'ils tirèrent d'une étude qui leur découvrait chaque jour de nouveaux bienfaits de la part du Créateur, fut la conviction intime que celui qui avait tout fait pour les hommes, avait bien le droit de tout exiger d'eux. Ils devinrent plus dociles à leurs parens, plus soumis aux lois religieuses, et bientôt, en devenant plus instruits, ils devinrent beaucoup plus pieux.

Le curé, qui avait lié une connaissance assez intime avec leurs familles, s'applaudissait chaque jour d'avoir semé d'aussi bons sentimens dans ces jeunes cœurs où ils fructifiaient si bien; par ses tendres soins et sa complaisance, Eugène et Thibaut purent bientôt compter parmi les enfans les plus appliqués et les plus édifians, et lorsque leurs parens s'étonnaient du goût sérieux qu'ils avaient pris pour l'étude, et des progrès qu'ils faisaient dans la piété, tandis que jusqu'alors ils y avaient été très-indifférens, Thibaut répondait en riant à sa mère : Depuis le jour où nous nous sommes égarés, nous avons été assez heureux pour rencontrer le véritable chemin.

Eh bien ! moi, dit Gustave, je pense tout à fait comme Thibaut, et je me regarderais comme le plus ingrat des enfans, si je n'aimais pas Dieu de tout mon cœur. — Sans doute, ajouta Victor, car je n'aime jamais mieux mon papa que quand il a la bonté de me donner des gravures, ou quelqu'autre chose qui me fait plaisir ; et que sont des gravures ou des friandises, en comparaison de toutes les richesses que le bon Dieu nous a données ? Nous devons donc l'aimer de tout notre cœur, c'est entendu cela.

M. de Lormeuil, satisfait de voir avec quelle justesse ses enfans avaient saisi tout ce qu'il leur avait dit, leur promit encore de leur apprendre dans quelque temps toutes les merveilles que l'industrie des hommes avait opérées, mettant ainsi à profit la portion d'intelligence dont ils étaient doués ; mais comme ils devaient auparavant se bien pénétrer de tout ce qu'il n'avait fait que leur faire effleurer, l'accomplissement de cette promesse fut ajournée au temps où ils seraient plus en état d'en comprendre les détails.

FIN.

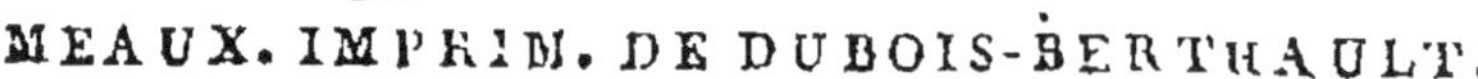